零基础轻松学 Python 青少年趣味编程

全彩版

快学习教育 编著

机械工业出版社
China Machine Press

图书在版编目（CIP）数据

零基础轻松学 Python：青少年趣味编程：全彩版／快学习教育编著. —北京：机械工业出版社，2019.11（2020.8 重印）

ISBN 978-7-111-64000-4

Ⅰ. ①零… Ⅱ. ①快… Ⅲ. ①软件工具 – 程序设计 – 青少年读物 Ⅳ. ① TP311.561-49

中国版本图书馆 CIP 数据核字（2019）第 233499 号

    Python 是一门非常流行的编程语言，不仅在诸多高新技术领域有着深入的应用，而且非常适合作为青少年学习编程的入门语言。本书通过讲解如何用 Python 编程，帮助青少年锻炼逻辑思维，培养分析问题、解决问题的能力。

    全书共 7 章，可划分为 3 个部分。第 1 部分为第 1～5 章，先讲解 Python 编程的基本操作和基础知识，然后分别讲解控制语句、数据结构、函数与模块等 Python 编程的核心知识。第 2 部分为第 6 章，通过 5 个相对简单的案例，详细分析 Python 编程的思路和过程，并对前几章的知识进行实际应用。第 3 部分为第 7 章，通过 3 个综合性较强的案例，引导读者加深对 Python 知识点的理解，并感受 Python 的强大之处。

    本书内容浅显易懂，案例典型实用，非常适合中小学生阅读，也可作为少儿编程培训机构及少儿编程兴趣班的教材使用。

零基础轻松学 Python：青少年趣味编程（全彩版）

出版发行：机械工业出版社（北京市西城区百万庄大街 22 号 邮政编码：100037）	
责任编辑：李杰臣 李华君	责任校对：庄 瑜
印　　刷：北京天颖印刷有限公司	版　　次：2020 年 8 月第 1 版第 2 次印刷
开　　本：170mm×242mm　1/16	印　　张：11
书　　号：ISBN 978-7-111-64000-4	定　　价：69.80 元

客服电话：（010）88361066　88379833　68326294 　　　投稿热线：（010）88379604
华章网站：www.hzbook.com　　　　　　　　　　　　　　读者信箱：hzit@hzbook.com

版权所有・侵权必究
封底无防伪标均为盗版
本书法律顾问：北京大成律师事务所　韩光 / 邹晓东

PREFACE 前 言

近些年来，人工智能、区块链等热点技术层出不穷，而编程则是这些技术的核心与基石。本书以适合青少年进行入门学习的编程语言 Python 为学习环境，循序渐进地讲解了 Python 的核心知识与实际应用。

◎ 内容结构

全书共 7 章。第 1～5 章讲解 Python 编程的基本操作和基础知识，以及控制语句、数据结构、函数与模块等 Python 编程的核心知识。第 6 章通过 5 个相对简单的案例对前面所学进行实际应用，并详解 Python 编程的思路和过程。第 7 章通过 3 个综合性较强的案例，引导读者加深对 Python 知识点的理解。

◎ 编写特色

★ **直观清晰，生动有趣**：本书以思维导图的方式，直观地展示知识的架构，清晰地梳理知识的脉络，凝练地总结知识的精髓，增强了内容的生动性，降低了理解的难度。

★ **案例典型，实用性强**：书中的案例与青少年的学习和生活息息相关，如方程求根、成绩排序、贪吃蛇游戏、垃圾分类查询等，既典型又实用。有心的读者通过举一反三，还能自己编写出更多有趣的程序，达到学以致用的目的。

◎ 读者对象

本书适合具备基本的数学知识和一定的计算机操作技能的中小学生阅读，也可作为青少年编程培训机构及青少年编程兴趣班的教材使用。

由于编者水平有限，在编写本书的过程中难免有不足之处，恳请广大读者指正批评，除了扫描二维码关注公众号获取资讯以外，也可加入 QQ 群 745753320 与我们交流。

编者

2019 年 9 月

如何获取学习资源

步骤1：扫描关注微信公众号

在手机微信的"发现"页面中点击"扫一扫"功能，如右一图所示，进入"二维码/条码"界面，将手机摄像头对准右二图中的二维码，扫描识别后进入"详细资料"页面，点击"关注公众号"按钮，关注我们的微信公众号。

步骤2：获取学习资源下载地址和提取密码

点击公众号主页面左下角的小键盘图标，进入输入状态，在输入框中输入5位数字"64000"，点击"发送"按钮，即可获取本书学习资源的下载地址和提取密码，如右图所示。

步骤3：打开学习资源下载页面

在计算机的网页浏览器地址栏中输入前面获取的下载地址（输入时注意区分大小写），如右图所示，按【Enter】键即可打开学习资源下载页面。

步骤4：输入密码并下载文件

在学习资源下载页面的"请输入提取密码"文本框中输入前面获取的提取密码（输入时注意区分大小写），再单击"提取文件"按钮。在新页面中单击打开资源文件夹，在要下载的文件名后单击"下载"按钮，即可将其下载到计算机中。如果页面中提示选择"高速下载"还是"普通下载"，请选择"普通下载"。下载的文件如为压缩包，可使用7-Zip、WinRAR等软件解压。

> **提示**
>
> 读者在下载和使用学习资源的过程中如果遇到自己解决不了的问题，请加入QQ群745753320，下载群文件中的详细说明，或者找群管理员提供帮助。

CONTENTS 目 录

前言
如何获取学习资源

第1章 初识 Python

- 001 孩子为什么要学编程 11
- 002 为什么要学 Python 12
- 003 下载 Python 安装包 12
- 004 安装 Python 14
- 005 配置编程环境 18
- 006 输出 19
- 007 输入 21
- 008 在编辑器中编写和保存代码 22
- 009 运行 24
- 010 调试 25
- 011 注释 27

第2章 Python 基础知识

- 012 变量的命名与赋值 30
  - 案例 单位磅和千克的转换

| 013 | 变量命名的规则与习惯 | 32 |

　　案例　求圆环的面积

| 014 | 运算符：算术运算符 | 34 |

　　案例　求解一元二次方程

| 015 | 运算符：关系运算符 | 36 |

　　案例　判断学生成绩的等级

| 016 | 运算符：赋值运算符 | 38 |

　　案例　计算任意5个数字的乘积

| 017 | 运算符：逻辑运算符 | 40 |

　　案例　判断三条边的边长能否构成三角形

| 018 | 数据类型：数字 | 42 |

　　案例　谁的存款更多

| 019 | 数据类型：字符串 | 44 |

　　案例　判断一个正整数是否是回文数

| 020 | 对浮点型数据执行精确运算 | 46 |

第3章　Python 控制语句

| 021 | 条件语句：if | 49 |

　　案例　找出身高最高的人

| 022 | 条件语句：if-else | 51 |

　　案例　我进游乐园可以省多少钱

| 023 | 条件语句：if-elif-else | 53 |

　　案例　了解学生的身体健康状况

024 条件嵌套：if 和 if-else 55
　　案例 今天天气怎样？

025 条件嵌套：if-else 和 if-elif-else 57
　　案例 一起来玩"石头剪刀布"

026 循环语句：while 60
　　案例 棋盘上的米粒

027 循环语句：for 62
　　案例 计算投资的本利和

028 结束整个循环：break 64
　　案例 计算 1+2+……+100 的和

029 结束本轮循环：continue 65
　　案例 统计分数 80 及以上的平均分

030 循环嵌套：while 和 while 67
　　案例 制作九九乘法表

031 循环嵌套：for 和 for 69
　　案例 输出一个由☆号组成的等腰三角形

032 条件和循环的嵌套 71
　　案例 猴子分桃

第4章 Python 数据结构

033 创建列表 75
　　案例 创建学生姓名列表

034 添加列表元素 77
　　案例 在空列表中添加学生姓名

035　删除列表元素 79
　　案例　删除学生的姓名

036　列表的切片操作 81
　　案例　选择自己喜爱的套餐

037　元组的创建和使用 83
　　案例　计算学生考试的总成绩

038　创建字典 84
　　案例　列出学生最喜欢的运动

039　查找字典元素 86
　　案例　在成绩单中查找科目成绩

040　编辑字典元素 88
　　案例　整理书籍清单

041　反向查找字典元素 90
　　案例　查找学生的学号

第5章　Python 函数与模块

042　内置函数 93
　　案例　计算歌唱比赛选手的最终得分

043　自定义无参数的函数 94
　　案例　输出 3 个由☆号组成的等腰三角形

044　自定义有参数的函数 97
　　案例　输出 n 个由☆号组成的等腰三角形

045 自定义有返回值的函数 99
　　案例 求给定日期是当年的第几天

046 使用 time 模块获取时间 101
　　案例 计算已经活了多长时间

047 使用 random 模块获得随机数 103
　　案例 猜数字游戏

048 使用 math 模块获取数学常量 105
　　案例 计算圆的周长和面积

049 第三方模块的安装 107

第 6 章　Python 的初级应用

050 求任意一元二次方程的根 112
051 计算任意三角形的面积 115
052 冒泡排序考试成绩 118
053 运用 turtle 模块绘制爱心 123
054 计算平面上两点间的直线距离 130

第 7 章　Python 的高级应用

055 带图形用户界面的计算器 136
056 贪吃蛇游戏 150
057 垃圾分类查询 169

第 1 章

初识 Python

第 1 章　初识 Python

001 孩子为什么要学编程

什么是编程？简单来说，编程就是利用编程语言编写程序，控制计算机为我们做事。编程语言则是我们用于控制计算机的一组指令，它和人类之间用于交流的语言一样，也有固定的词汇和语法。

近年来，得益于人工智能的迅猛发展，编程教育在世界范围内获得了广泛关注。随着国家层面的重视和相关政策的出台，针对青少年的计算机编程教育蓬勃兴起。但是对于孩子为什么要学习编程，很多家长还是存在疑惑。下面就从三个方面来解答家长的疑惑。

培养逻辑思维能力

在编程时需要不停地思考，先做什么后做什么，每一步怎么做，需要用什么指令，同时还需要研究一些事物内在的联系。在这个过程中，孩子的逻辑思维能力、设计能力、提炼能力及概括能力无形中都得到了提高，这对他们分析和解答数学、物理等学科的问题会有很大帮助。

培养发现问题和解决问题的能力

一旦孩子学会了编程，他也就学会了用"计算思维"去理解这个世界。这时只要引导孩子在日常生活中观察和发现问题，他就能通过编程去动手解决问题，而不只是在口头上空谈或脑海里空想自己的方案。

编程并不总是一帆风顺的。编写好的程序不能成功运行是常有的事，有时即使能够成功运行，运行结果也有可能和自己的设想完全不同。此时就需要通过调试程序，逐步排查并改正程序中的语法错误或逻辑错误。在这个过程中，孩子发现问题和解决问题的能力同样能够得到极大的提高。

促进其他学科的学习

学习编程可以促进孩子学习其他学科。例如，为了设计一款射击游戏，孩子需要去学习关于物体运动规律的物理知识，这样才能在游戏中逼真地展现子弹的运动轨迹。除了编写游戏，家长还可以引导孩子通过编程来解决他们感兴趣的各种问题，激发他们对其他学科的学习热情，达到寓教于乐的目的。

总而言之，让孩子学习编程并不代表孩子以后就一定要当程序员或软件工程师，它的主要目的是为孩子打开一扇逻辑思维的大门，培养孩子多方面的能力，从而为孩子的将来打下坚实的基础。

002 为什么要学 Python

编程语言有很多，Python 是其中的一种。其他常见的编程语言如 C、C++、Java 等学习难度相对较高，初学者不太容易掌握。而 Python 的代码简洁、短小且易于阅读，因而人们能够快速理解和掌握，这也是它快速流行的原因之一。

以变量的命名为例，有些编程语言中需要事先定义变量类型，还需要考虑溢出和精度等问题，而在 Python 中命名变量则完全不需要考虑这些问题。因此，Python 是编程初学者较好的选择。

003 下载 Python 安装包

要学习 Python，自然得先把 Python 安装到计算机里。Python 的安装包按照适用的操作系统分为多种类型，因此，在安装前要先弄清自己的计算机上运行的操作系统是哪种类型，再下载对应的 Python 安装包。

以 Windows 操作系统为例，❶在操作系统的桌面上右击"这台电脑"图标，❷在弹出的快捷菜单中单击"属性"命令，如下左图所示。❸在打开的"系统"窗口中可看到当前操作系统为 Windows 10，❹"系统类型"为 64 位操作系统，如下右图所示。

了解了操作系统的信息后，就可以去 Python 的官网下载安装包了。❶打开浏览器，在地址栏中输入网址"https://www.python.org"，按【Enter】键，进入

Python 的官网，❷单击"Downloads"按钮，❸在展开的列表中可看到多个系统类型，此处选择"Windows"，如下图所示。

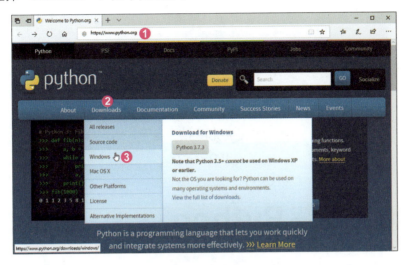

进入下载安装包的页面，可看到 Python 的两个安装版本及每个版本下的多个安装包。此处以 Python 3.7.3 版本为例，介绍下载 Python 安装包的方法。❶因为前面查看到的操作系统类型是 64 位的 Windows，所以在 Python 3.7.3 版本下单击"Download Windows x86-64 executable installer"链接，如下图所示。如果操作系统类型为 32 位的 Windows，则单击"Downloads Windows x86 executable installer"链接。单击链接后，❷在下方弹出的下载提示框中单击"保存"按钮，即可开始下载 Python 的安装包。如果想要改变安装包的保存位置，可单击"保存"右侧的折叠按钮，在展开的列表中选择"另存为"，然后在打开的对话框中设置安装包的保存位置即可。

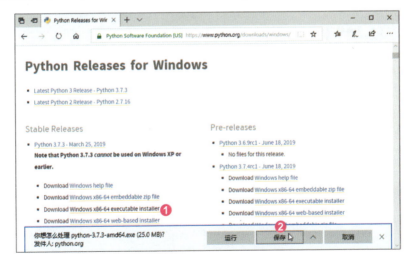

下载好 Python 安装包后，进入安装包的下载位置，可看到如下图所示的以 .exe 作为后缀名的安装包文件。

004　安装 Python

完成 Python 安装包的下载后，就可以安装 Python 了。双击下载的 Python 安装包，❶在打开的程序安装窗口中勾选"Add Python 3.7 to PATH"复选框。如果要将程序安装在 C 盘的默认路径下，直接单击"Install Now（现在安装）"按钮；如果想要改变安装路径，❷可单击"Customize installation（自定义安装）"按钮，如下图所示。

跳转到窗口的下一个界面中，不用更改任何设置，直接单击右下角的"Next"按钮，如下图所示。

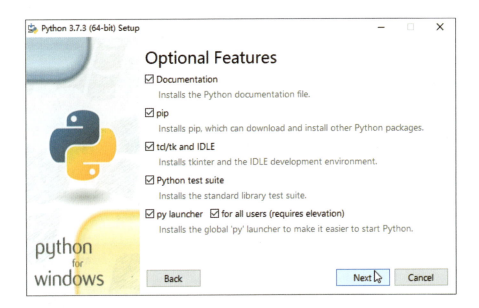

跳转到另一个界面，❶可单击"Browse（浏览）"按钮，在打开的对话框中设置自定义安装路径，也可以直接在文本框中输入自定义安装路径。设置好后，❷单击"Install（安装）"按钮，如下图所示。

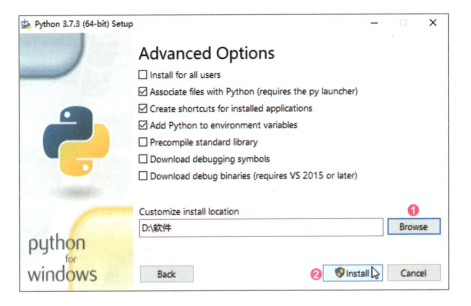

随后即可看到 Python 的安装进度，如下图所示。

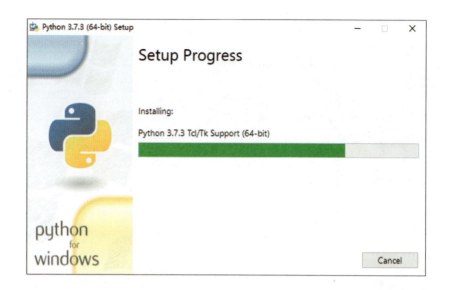

等待一段时间后，❶如果窗口中出现"Setup was successful"的提示文字，表明 Python 已经安装成功。❷此时直接单击"Close"按钮关闭安装窗口，如下图所示。

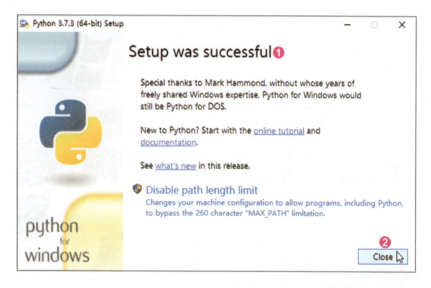

Python 在安装完成后不会自动生成桌面快捷方式，为了快速启动 Python 的集成开发环境进行编程，可以通过以下方法在桌面上放置集成开发环境的快捷方式。❶单击左下角的"开始"按钮，❷在打开的开始菜单中单击"Python 3.7"文件夹，❸在展开的列表中右击"IDLE（Python 3.7 64-bit）"选项，❹在弹出的快捷菜单中单击"更多 > 打开文件位置"命令，如下图所示。此处的 IDLE 就是 Python 的集成开发环境，也就是编程和运行代码的地方。

第 1 章 初识 Python

随后会打开一个文件资源管理器窗口，❶选中"IDLE（Python 3.7 64-bit）"快捷方式，然后右击该快捷方式，❷在弹出的快捷菜单中单击"发送到 > 桌面快捷方式"命令，如下图所示。

随后即可在桌面上看到 IDLE 的快捷方式，如下左图所示。双击该快捷方式，即可打开一个名为"Python 3.7.3 Shell"的窗口，如下右图所示。

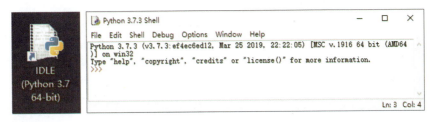

小提示

在"Python 3.7.3 Shell"窗口中有一个">>>"符号，称为提示符，Python 用它来提示你请告诉它想让它做什么，在提示符的后面就可以输入代码。需要注意的是，在 Python 中输入代码时一定要将输入法切换至英文模式。

005 配置编程环境

IDLE 是 Python 自带的一个集成开发环境,初学者利用它可以方便地创建、运行和调试 Python 程序。大家可以按照自己的喜好对 IDLE 进行配置,这样使用起来会更顺手。

双击桌面上的 IDLE 快捷方式,打开"Python 3.7.3 Shell"窗口,默认的窗口界面背景为白色,代码的字号比较小。如果想要更改背景颜色及代码的字体和字号等,❶可在窗口的菜单栏中单击"Options"菜单,❷在展开的菜单中单击"Configure IDLE"命令,如下图所示。

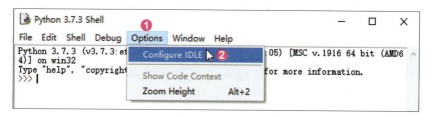

打开"Settings"对话框。若想更改代码的字体和字号,❶在"Fonts/Tabs"选项卡下的"Font Face"列表框中选择代码的字体,❷单击"Size"按钮,可选择代码的字号,如下左图所示。若想更改代码的背景颜色,❸可单击"Highlights"标签,❹在该选项卡下单击"IDLE Classic"按钮,❺在展开的列表中单击"IDLE Dark"选项,如下右图所示。在对话框中还可以更改编程环境的其他设置,❻完成后单击"Ok"按钮,确认更改。

 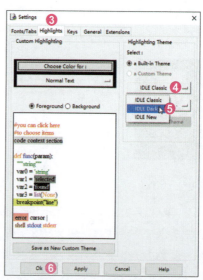

第 1 章　初识 Python

下图所示为完成设置后的窗口效果。如果想要恢复初始的默认效果，应用以上方法重新进行设置即可。

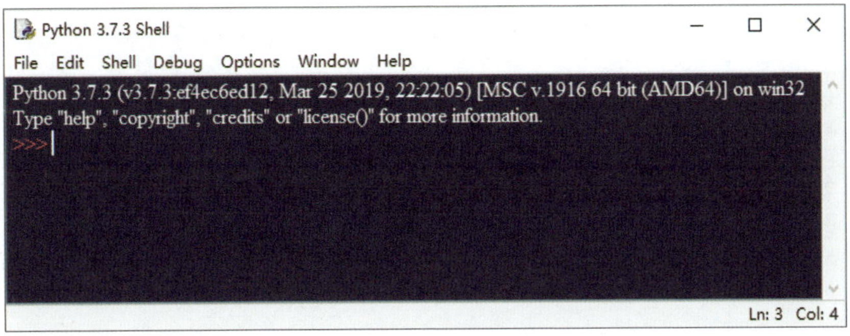

006 输出

输出是指让计算机将代码的运行结果显示出来。在 Python 中，最常用的输出指令是 print 函数，它可以将指定数据输出并显示在屏幕上。

例如，在 IDLE 窗口的提示符后输入如下代码：

```
1  >>> print("Hello Python!")
```

该代码的含义是把 print 后括号内的双引号中的内容输出到屏幕上。完成代码的输入后，按键盘上的【Enter】键来立即运行代码，可看到新的一行中出现了输出的结果"Hello Python!"，如下图所示。

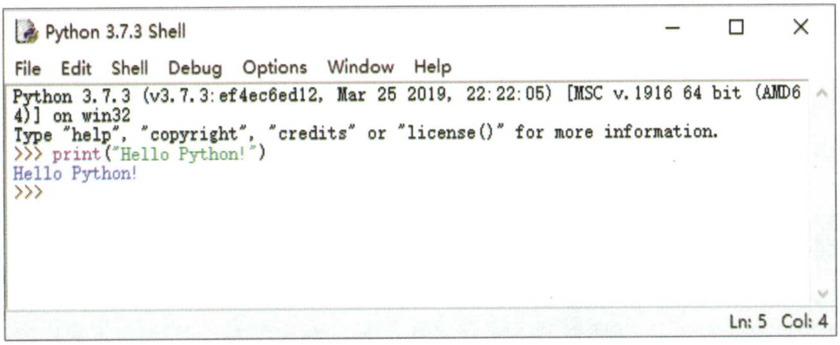

在 IDLE 窗口中，也可以使用 print 函数输出整数或算式的计算结果。例如，输入如下代码：

```
1    >>> print(2 + 5)
```

按【Enter】键,得到如下图所示的输出结果。

```
Python 3.7.3 (v3.7.3:ef4ec6ed12, Mar 25 2019, 22:22:05) [MSC v.1916 64 bit (AMD6
4)] on win32
Type "help", "copyright", "credits" or "license()" for more information.
>>> print(2 + 5)
7
>>>
```

如果想要把算式和计算结果打印得更完整一点,可以在 IDLE 窗口中输入如下代码:

```
1    >>> print("2 + 5 =", 2 + 5)
```

按【Enter】键后得到的输出结果如下图所示。这行代码中用 print 函数输出的内容分为两部分:逗号后的部分 2 + 5 是一个算式,Python 会自动计算并输出结果 7;逗号前的部分 "2 + 5 =" 是一个字符串而非算式,所以 Python 会直接输出双引号中的内容。关于字符串的知识将在第 2 章讲解。

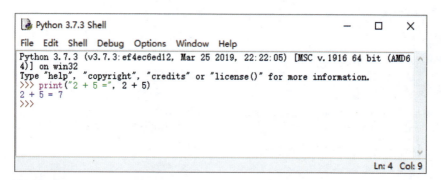

小提示

上述代码中的一对双引号 "" 也可以用一对单引号 '' 代替。在 Python 中,单引号和双引号没有本质区别,都可以用来表示一个字符串,但需要注意的是,单引号和双引号不能混合使用,即一对引号不能一半是单引号,另一半是双引号。

此外,上述代码中的 + 号(加法运算符)两侧各添加了一个空格,这是为了提高代码的可读性,大家在编写代码时应尽量养成这种良好的书写习惯。

第 1 章　初识 Python

007 输入

　　输入是指计算机接收到输入的信息并显示在计算机屏幕上。Python 提供了一个函数 input 用于完成信息的输入。input 函数常用于接收用户通过键盘输入的信息，如果用户不输入，程序会一直等待下去。

　　例如，在 IDLE 窗口中输入如下代码，它表示在窗口中显示"请输入你的名字："的提示文字，并等待接收用户的输入，用户输入完毕后，将用户输入的内容存储到一个名为 name 的变量里。关于变量的知识将在第 2 章讲解。

```
1  >>> name = input("请输入你的名字：")
```

　　按【Enter】键后，窗口中并没有出现代表程序运行结束的">>>"提示符，而是显示"请输入你的名字："的提示文字，并在其后显示一条闪烁的竖线光标，此时可以输入任意字符，如"Lucy"，然后按【Enter】键，就可以看到">>>"提示符，如下图所示，这才表示信息输入完毕，程序运行结束。

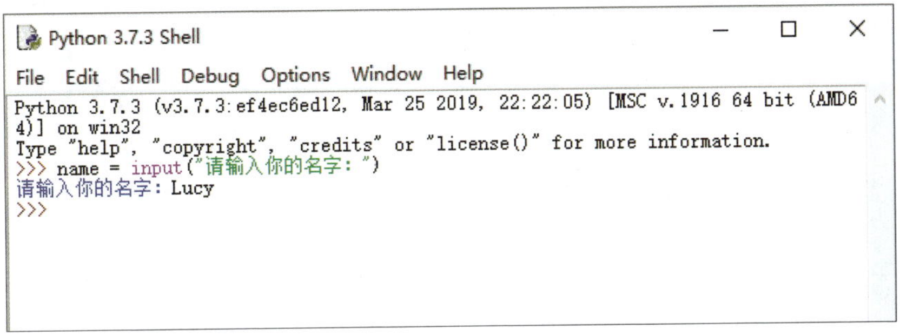

　　在上面的代码中，输入的"Lucy"会自动存储到 name 这个变量里。此时可在提示符后直接输入变量名 name，按【Enter】键，就能看到变量 name 中存储的内容，即用户输入的"Lucy"，如下图所示。

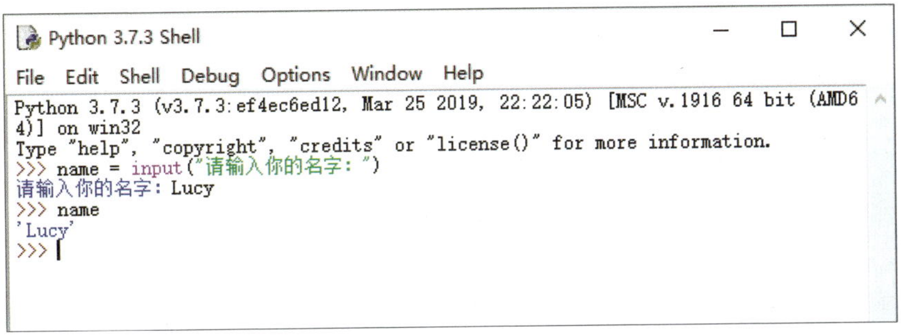

008 在编辑器中编写和保存代码

通过上面简单代码的输入与运行操作可以发现,在 IDLE 窗口中输入的任意一行代码,按【Enter】键后都会立即运行并返回对应的结果,同时结束一段程序的输入,如下图所示。

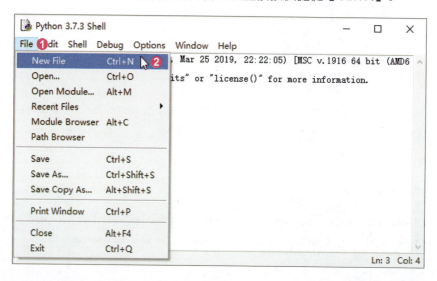

如果不想输入一行代码就马上运行,而是编写多行代码后一次性在 IDLE 中运行,该怎么办呢?此时,Python 自带的编辑器就有用武之地了。

❶启动 IDLE,在菜单栏中单击 "File" 菜单,❷在展开的菜单中单击 "New File" 命令,如下图所示,或者在打开窗口后直接按快捷键【Ctrl+N】。

随后会打开一个名为 "untitled" 的空白窗口,该窗口就是 Python 的编辑器。在编辑器中输入如下图所示的代码,可看到窗口名称 "untitled" 的两边各有一个星号（*），该符号用于提示我们输入的代码内容还没有保存，如果此时计算机非正常关机了，编辑器中的代码内容就会消失。所以为了保险起见，在运行代码前要对输入的代码进行保存。

❶单击"File"菜单，❷在展开的菜单中单击"Save"命令，如下图所示，也可以直接按快捷键【Ctrl+S】。

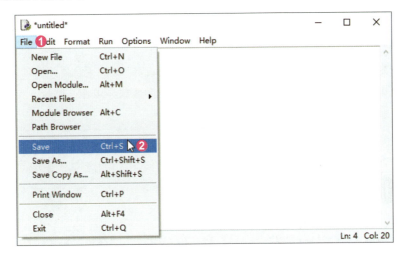

❶在打开的"另存为"对话框中设置好代码文件的保存位置，❷在"文件名"文本框中输入文件名称，❸完成后单击"保存"按钮，如下图所示。

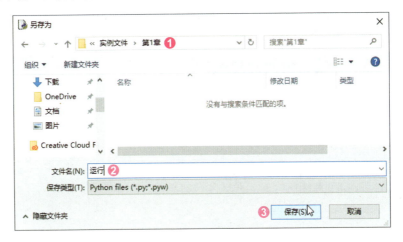

保存之后会发现窗口的名称已经变成了上一步骤中设置的文件名称及保存位置，如下图所示。文件名称中的 .py 是编辑器自动为 Python 代码文件加上的专用后缀名。

小提示

如果在 IDLE 窗口中写错代码，是不能直接修改的，只能重新输入代码再执行。而如果在编辑器中编写代码，就可以很方便地随时修改和保存。因此，我们要养成在编辑器中输入代码的习惯。

009 运行

在编辑器中编写好代码并保存后，❶在窗口中单击"Run"菜单，❷在展开的菜单中单击"Run Module"命令，如下图所示，或者直接按键盘上的【F5】键，即可运行代码。

随后即可在 IDLE 窗口中看到代码的运行结果，如下图所示。

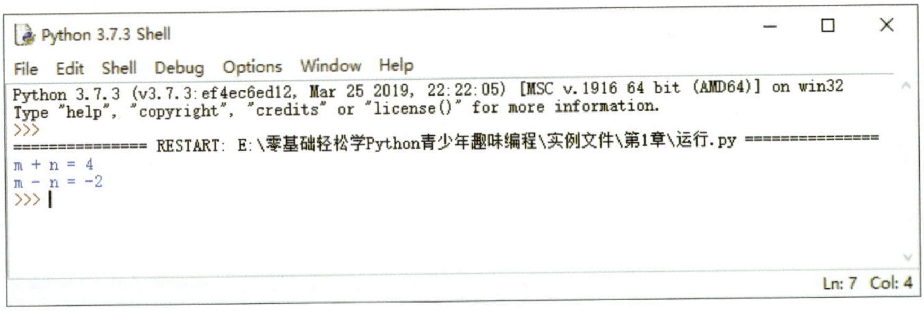

第 1 章　初识 Python

```
Python 3.7.3 Shell
File Edit Shell Debug Options Window Help
Python 3.7.3 (v3.7.3: ef4ec6ed12, Mar 25 2019, 22:22:05) [MSC v.1916 64 bit (AMD64)] on win32
Type "help", "copyright", "credits" or "license()" for more information.
>>>
=============== RESTART: E:\零基础轻松学Python青少年趣味编程\实例文件\第1章\运行.py ===============
m + n = 4
m - n = -2
>>>
```

010　调试

　　初学者由于对编程还没有建立深刻的认识，往往觉得输入完代码就大功告成，因此运行代码时一旦出现问题，就会感到手足无措。其实，随着学习的深入，编写的代码会越来越复杂，出现错误（又叫 bug）是难免的，初学者对此也不用太紧张，因为 Python 的 IDLE 会帮我们检测代码在哪里出现了问题，并给出人性化的错误提示，帮助我们定位并改正错误。这个排查错误并修改代码的过程就称为调试（又叫 debug）。

　　例如，在 Python 的编辑器中输入如下代码：

```
1  m = 2
2  n = 3
3  a = m + n
4  print("a = " + a)
```

　　保存代码文件后，按【F5】键，运行结果如下图所示。

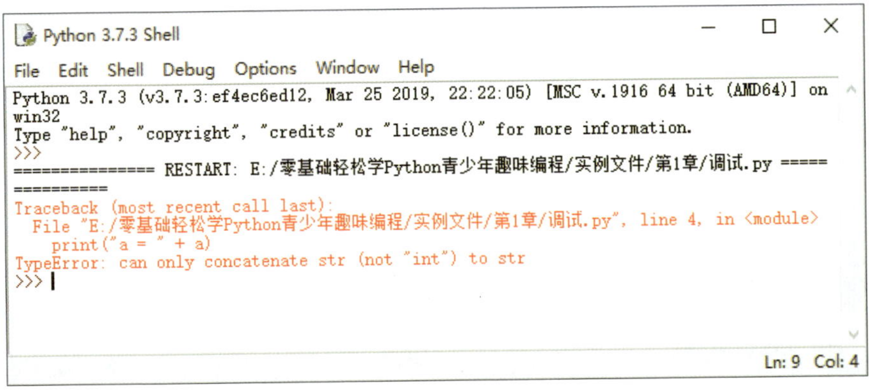

```
Python 3.7.3 Shell
File Edit Shell Debug Options Window Help
Python 3.7.3 (v3.7.3:ef4ec6ed12, Mar 25 2019, 22:22:05) [MSC v.1916 64 bit (AMD64)] on win32
Type "help", "copyright", "credits" or "license()" for more information.
>>>
=============== RESTART: E:/零基础轻松学Python青少年趣味编程/实例文件/第1章/调试.py ===============
Traceback (most recent call last):
  File "E:/零基础轻松学Python青少年趣味编程/实例文件/第1章/调试.py", line 4, in <module>
    print("a = " + a)
TypeError: can only concatenate str (not "int") to str
>>>
```

25

图中红色的文字就是代码运行后的报错信息，其中第 2 行中的"line 4"告诉我们代码的第 4 行出现了问题，也就是 print("a = " + a) 中有错，错误的原因是"Type Error: can only concatenate str (not "int") to str"，意思是只能将 str 连接到 str，而不能将 int 连接到 str。

在 Python 中，str 代表字符串，int 代表整型数字。字符串之间可以使用加号（+）拼接，而字符串和整型数字则不能通过加号（+）拼接，相关知识将在第 42 页讲解。现在来看出错的第 4 行代码，print 函数的括号中用加号（+）拼接的内容分为两部分，前一部分 "a = " 是字符串，后一部分的变量 a 中存储的是整型数字，因此，这两种不同的数据类型拼接后就导致了运行错误。

如果想得到正确的运行结果，只需将第 4 行代码修改为如下代码：

```
1  print("a = " + str(a))
```

再次运行后，得到的结果如下图所示。

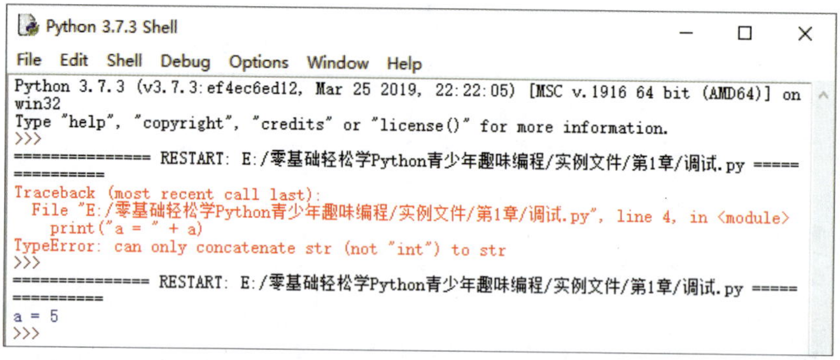

如果根据 IDLE 的报错信息还是无法查出错误，可以使用 print 函数添加一些辅助代码，在程序运行到特定的地方时输出一些信息，以了解程序的运行路径和变量值的变化等，这样也能帮助我们调试程序。

例如，在编辑器中输入如下代码：

```
1  m = 2
2  print(m)
3  n = 3
4  print(n)
5  a = m + n
6  print("a = " + a)
```

保存代码并按【F5】键运行后，得到的运行结果如下图所示。

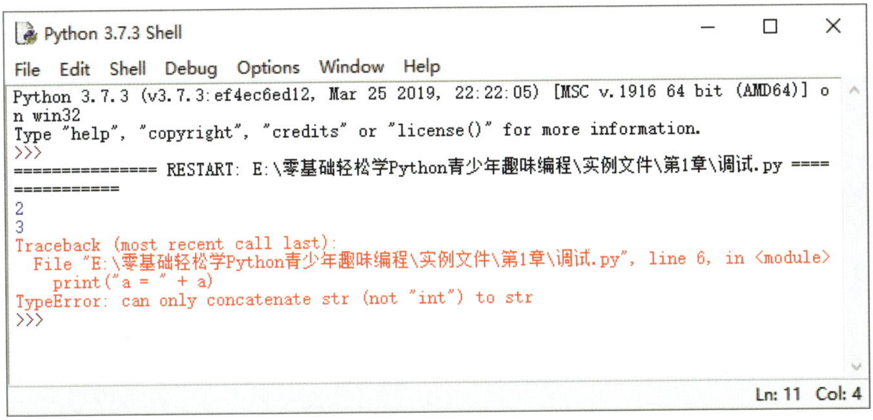

Python 3.7.3 Shell
File Edit Shell Debug Options Window Help
Python 3.7.3 (v3.7.3:ef4ec6ed12, Mar 25 2019, 22:22:05) [MSC v.1916 64 bit (AMD64)] o
n win32
Type "help", "copyright", "credits" or "license()" for more information.
>>>
=============== RESTART: E:\零基础轻松学Python青少年趣味编程\实例文件\第1章\调试.py ====
===========
2
3
Traceback (most recent call last):
File "E:\零基础轻松学Python青少年趣味编程\实例文件\第1章\调试.py", line 6, in <module>
print("a = " + a)
TypeError: can only concatenate str (not "int") to str
>>>
Ln: 11 Col: 4

可发现第 2 行和第 4 行中的 print 函数能够正确输出变量 m 和 n 的值，而第 6 行中的 print 函数在输出第 5 行中定义的变量 a 的值时出现了错误，由此可以得出第 5 行或第 6 行代码需要调试的结论。

不过，通过 print 函数来辅助调试，需要一点经验来决定在哪个位置输出什么数据。如果程序很复杂，需要输出的数据会很多，使用 print 函数就会很烦琐。因此，在遇到错误时，解决问题的关键还是要读懂报错信息，从而逐步定位问题所在，而不是盲目地增加辅助代码或修改代码。

小提示

默认情况下，在 IDLE 窗口或编辑器中输入的代码会自动应用不同的颜色突出显示，例如，关键字会显示为橙色，注释会显示为红色，字符串会显示为绿色，等等。

代码突出显示的好处是便于区分不同的语法元素，从而提高代码的可读性；并且还能降低出错的可能性。例如，如果输入的变量名显示为橙色，那就说明该变量名与预留的关键字冲突，此时必须更换变量名。

011 注释

对于一段短小且结构简单的代码，大多数人都可以通过逐行阅读来理解它是如何运行的。如果编写的代码很长且结构复杂，我们就需要使用注释来使代码更容易阅读和理解。

注释，即对代码的解释和说明文字。编写代码时在适当的位置添加注释，可以方便自己和他人理解代码各部分的作用。在运行代码时，注释会被 Python 忽略，不会影响代码的运行结果。

在 Python 的代码中添加注释的方式有多种。如果只对一行代码进行注释，可直接在代码的上方或右侧使用空格和"#"。如下面的代码和注释：

```
1  a = 4
2  print(a)   # 输出变量a的值
```

其等同于下面的代码和注释：

```
1  a = 4
2  # 输出变量a的值
3  print(a)
```

如果要对代码段，即多行代码进行注释，则只能在代码段的上方使用"#"。如下面的代码和注释：

```
1  # 计算三角形的周长（即三条边的长度之和）
2  a = 6
3  b = 3
4  c = 5
5  l = a + b + c
6  print(l)
```

> 🔔 小提示
>
> 注释只能放在代码的上方或右侧，而不能放在代码的前面，因为这样 Python 就会把这一行代码都作为注释看待。这一点可以用来帮助我们调试代码。例如，调试时初步怀疑运行错误是某一部分代码导致的，就可以利用"#"将这部分代码转换为注释，如果再次运行时错误消失，则说明这部分代码确实有问题。

第 2 章

Python 基础知识

012 变量的命名与赋值

案　　例 单位磅和千克的转换

文件路径 案例文件\第2章\变量的命名与赋值.py

难度系数 ★★★☆☆

如果在编写代码时需要多次用到一个数据，但是这个数据太长了，不便于记忆和输入，这时我们就会想，能不能用一个简单的代号，比如n来指代这个数据呢？这样在使用该数据时就更方便和容易了。在Python中，使用变量就能达到指代数据的目的。下面就来领略一下变量的魅力吧！

思维导图

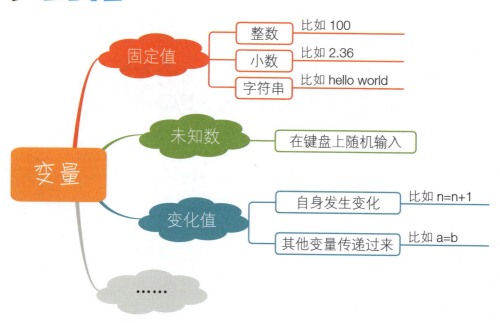

案例说明

已知单位磅和千克的转换公式"1磅 = 0.4535924千克"，下面利用变量编写一个小程序，将用户输入的磅数转换为千克数。因为这段代码有连续的4行，所以我们需要在编辑器中输入代码，如果忘记了编辑器怎么打开，可以参看第22页。打开编辑器，并输入如下代码。

第 2 章　Python 基础知识

✏️ 代码解析

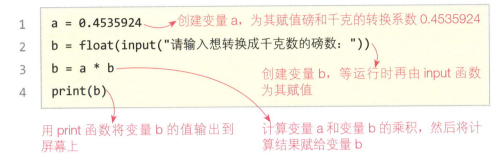

在编辑器中输入以上代码并保存后，按【F5】键，在 IDLE 窗口中显示的提示文字后输入要转换成千克数的磅数，如 2.36，按【Enter】键，即可得到如下所示的运行结果。

✏️ 运行结果

```
请输入想转换成千克数的磅数：2.36
1.070478064
```

✏️ 要点分析

1 第 1 行代码将磅和千克的转换系数 0.4535924 这个值赋给了变量 a，这样第 3 行代码计算千克数时就可以直接用变量 a 来代表转换系数，代码会更简洁，也不容易出错。

2 在第 2 行代码中定义了一个名为 b 的变量，由 input 函数为其赋值。在第 3 行代码中，将第 1 行定义的变量 a 的值和第 2 行定义的变量 b 的值相乘，再将乘积赋给了变量 b，此时变量 b 所代表的值就变了。因此，第 4 行代码输出的是第 3 行代码中定义的变量 b 的值，而不是第 2 行代码中定义的变量 b 的值。下面利用"运行结果"中输入的示例数字 2.36，再梳理一次这段代码的运行过程。运行完第 1 行和第 2 行代码后，变量 a 代表数字 0.4535924，变量 b 代表数字 2.36。运行第 3 行代码时，先计算此时变量 a 代表的数字 0.4535924 和变量 b 代表的数字 2.36 的乘积，再将乘积 1.070478064 赋给变量 b，这样变量 b 就不再代表数字 2.36，而是代表数字 1.070478064。因此，第 4 行代码的运行结果是输出数字 1.070478064。

013 变量命名的规则与习惯

案　　例	求圆环的面积
文件路径	案例文件\第2章\变量命名的规则与习惯.py

变量的命名可不能天马行空地进行，而需要遵循一些命名规则，否则在运行时 Python 就会报错。在命名规则之外，还有一些约定俗成的命名习惯，我们需要将两者结合运用，才能为变量取一个好听、好记且好用的名称。下面就来学习变量命名的规则与习惯吧。

思维导图

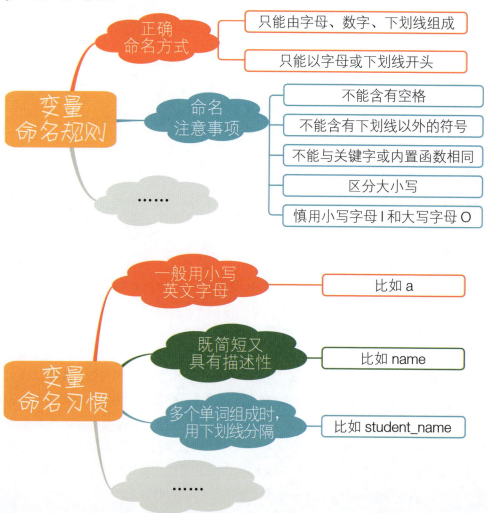

第 2 章　Python 基础知识

📝 案例说明

已知两个同心圆的半径，下面利用变量编写一个程序，计算由这两个同心圆组成的圆环的面积（即大圆的面积减去小圆的面积），以帮助大家加深对变量命名的规则和习惯的理解。这里再次提醒一下，要打开编辑器来输入代码哦。

📝 代码解析

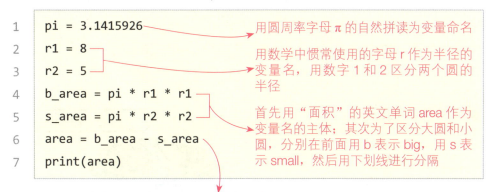

保存以上代码并按【F5】键运行后，即可得到如下的运行结果。

📝 运行结果

```
122.5221114
```

📝 要点分析

1　为变量命名时，在遵守命名规则的前提下，要尽量使用有意义且便于理解的名称，上述代码中我们也基本是遵循这些原则来命名变量的。

2　如果有意义的单词太长，可以采用缩写或自己组合的方式进行缩短。例如，第 4 行代码中的变量名 b_area 就是将 big（大）缩写为 b，再与 area（面积）进行组合。在组合时首先要考虑便于自己记忆和输入，其次要考虑便于别人阅读和理解。

3　在为变量命名时是可以使用大写字母的，但是我们推荐使用小写字母，这是为了尽量减少大小写切换的键盘操作，从而减少输入错误。

4　如果对英文不熟悉，也可以用汉字的拼音来为变量命名。

33

014 运算符：算术运算符

案　　例	求解一元二次方程
文件路径	案例文件\第2章\算术运算符.py

算术运算在现实生活中经常用到。例如，在超市购物结账时就要根据每种商品的单价和数量，使用算术运算中的乘法和加法计算出应付的金额。这些计算工作是由收银机中的程序来完成的。如果我们在 Python 中编程时需要进行算术运算，又该怎么做呢？下面就从 Python 中最简单也是最常用的算术运算符学起吧。

📝 思维导图

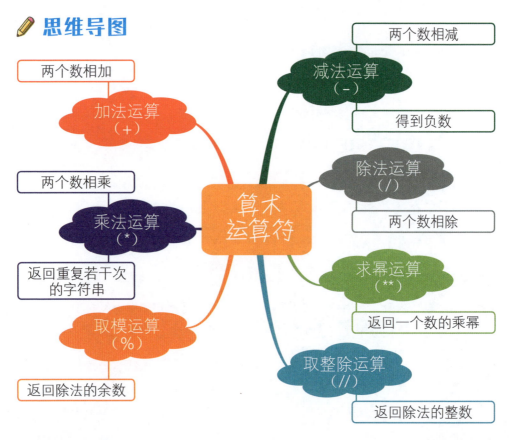

📝 案例说明

已知一元二次方程 $ax^2 + bx + c = 0$ 的求根公式为：$x = \dfrac{-b \pm \sqrt{b^2 - 4ac}}{2a}$。下面编写一个小程序求一元二次方程 $x^2 - 5x + 4 = 0$ 的根。打开编辑器并输入如下代码。

第 2 章　Python 基础知识

📝 代码解析

```
1   # 求解一元二次方程：x²-5x+4=0
2   # 其中a=1, b=-5, c=4
3   a = 1
4   b = -5
5   c = 4
6   x1 = (-b + (b ** 2 - 4 * a * c) ** 0.5) / (2 * a)
7   x2 = (-b - (b ** 2 - 4 * a * c) ** 0.5) / (2 * a)
8   print("x1 =", x1)
9   print("x2 =", x2)
```

第 1~2 行：代码注释，展示待求解的方程，并标注出方程中二次项系数、一次项系数和常数项的值

第 3~5 行：用变量 a、b、c 分别代表待求解方程的二次项系数、一次项系数和常数项，并相应赋值

第 6~7 行：用求根公式计算待求解方程的 2 个根

保存以上代码并按【F5】键运行后，即可得到如下的运行结果。

📝 运行结果

```
x1 = 4.0
x2 = 1.0
```

📝 要点分析

1 要求解一元二次方程 $ax^2 + bx + c = 0$，a、b、c 的值就必须是已知的，所以首先在第 3～5 行代码中对 3 个变量 a、b、c 进行了赋值。

2 虽然 Python 中没有直接进行开方的运算符，但是可以使用求幂运算符 "**" 来实现开方。第 6 行和第 7 行代码中就用 "计算 b^2-4ac 的二分之一次幂" 代替了 "对 b^2-4ac 开二次方" 的运算。同理，如果想要对某个值进行开三次方的运算，则计算该值的三分之一次幂即可，例如，对 8 开三次方可以表示为 8 ** (1 / 3)。

3 Python 中算术运算符的优先级和数学计算中的优先级是一样的，都是从算式的左边开始计算，先执行求幂运算，然后执行乘法、除法、取模和取整除运算，最后执行加法和减法运算。如果要改变运算顺序，可使用括号来实现，因为括号的优先级最高。第 6 行和第 7 行代码就是按照上述运算优先级编写的。

015 运算符：关系运算符

| 案　　例 | 判断学生成绩的等级 |
| 文件路径 | 案例文件 \ 第 2 章 \ 关系运算符.py |

难度系数

在生活中，如果想要为学生的成绩划分等级，例如，大于等于 90 分的为 A 级，60 ~ 89 分的为 B 级，小于 60 分的为 C 级，就需要进行大小的比较。在 Python 中，用于完成大小比较的运算符是关系运算符。关系运算符常常和条件判断语句、条件循环语句结合使用，达到在满足特定条件时才执行操作的目的。

思维导图

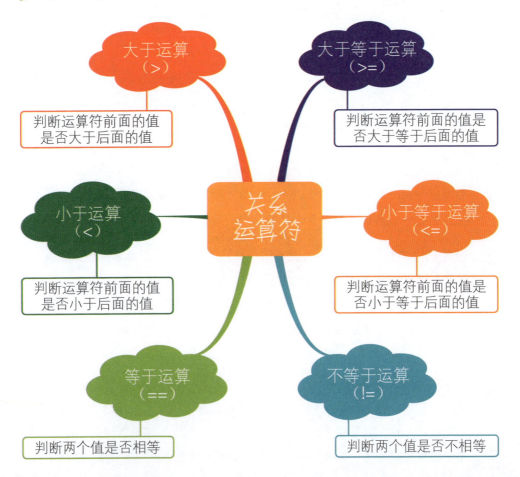

案例说明

下面就以为学生的成绩划分等级为例,编写一个小程序来帮助大家加深对关系运算符的理解。打开编辑器并输入如下代码。

代码解析

```
1  score = float(input("请输入学生的成绩："))
2  if score >= 90:
3      print("A")
4  if 60 <= score <= 89:
5      print("B")
6  if score < 60:
7      print("C")
```

创建变量 score 代表学生成绩,等运行时再由 input 函数为其赋值

如果学生成绩大于等于 90,则输出字符 A

如果学生成绩大于等于 60 并且小于等于 89,则输出字符 B

如果学生成绩小于 60,则输出字符 C

保存以上代码并按【F5】键运行后,即可得到如下的运行结果。

运行结果

```
请输入学生的成绩：88
B
```

要点分析

1 第 1 行代码中,因为 input 函数输入的内容为字符串型,所以通过 float 函数将其转换为浮点型,相关知识将在第 42 页详细讲解,在这里大家只需要知道这样做才能输入一个数字。

2 第 2～7 行代码中用到了 if 条件语句,该语句的判断条件后面必须跟着一个英文冒号,而且该语句的下一行代码之前必须有缩进(可以按【Tab】键或空格键来缩进,如用 4 个空格、8 个空格等来层层缩进),表示该行代码处于 if 条件语句的下一个层次,也就是当判断条件成立时,才执行该行代码。if 条件语句的知识将在第 49 页详细讲解,在这里大家只需要知道该语句在使用时的一些注意事项,以及了解这样做才能根据输入的学生成绩判断等级。

016 运算符：赋值运算符

案　　例 计算任意5个数字的乘积

文件路径 案例文件\第2章\赋值运算符.py

在前面的内容中其实我们已经多次接触过赋值运算符，那就是赋值运算符中最简单也最常用的符号"="。当然，赋值运算符可不止这一个。下面就一起来全面学习赋值运算符的知识吧。

思维导图

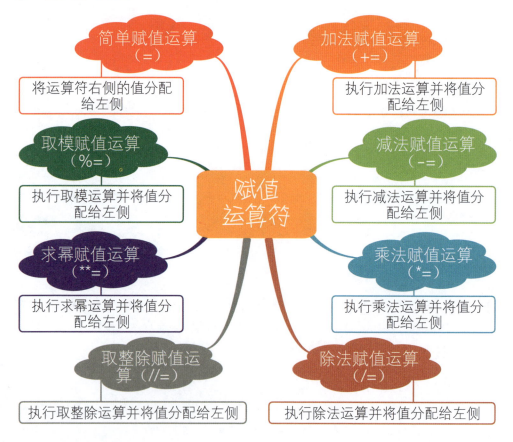

案例说明

下面以计算任意5个数字的乘积为例，编写一个小程序来帮助大家加深对赋值运算符的理解。打开编辑器，输入如下代码。

📝 代码解析

```
1  product = 1
2  first = 1
3  while first <= 5:
4      num = float(input())
5      product *= num
6      first += 1
7  print(product)
```

- 创建变量 product 和 first，并都赋值为 1
- 因为要计算 5 个数字的乘积，所以要循环 5 次
- 计算变量 product 的值与输入的变量 num 的值的乘积，将计算结果分配给变量 product
- 让变量 first 的值增加 1

保存以上代码并按【F5】键运行后，分别输入要计算乘积的数字并按【Enter】键，即可得到如下的运行结果。

📝 运行结果

```
36
20
25
45
88
71280000.0
```

📝 要点分析

1 在第 1 行代码中，定义变量 product 的初始值为 1，这是因为对于第 5 行代码 product *= num 来说，只有 product 为 1，才能从输入的第 1 个数开始进行乘法运算。

2 在第 3 行代码中使用了 Python 的循环语句 while，相关知识将在第 60 页详细讲解，在这里大家只需要知道这样做才能重复操作 5 次。

3 在第 5 行代码中，product *= num 等价于 product = product * num，后一个 product 的初始值在第 1 行代码中定义。在第 6 行代码中，first += 1 等价于 first = first + 1，后一个 first 的初始值在第 2 行代码中定义。

4 初学者需要特别注意的是，赋值运算符 "=" 和关系运算符 "==" 的含义完全不同，前者是将符号右侧的值赋给左侧，后者则是比较符号左侧和右侧的值是否相等，千万不要混淆。

017 运算符：逻辑运算符

案　　例	判断三条边的边长能否构成三角形
文件路径	案例文件\第2章\逻辑运算符.py

在生活中，我们有时需要综合判断多个条件才能做决定，例如，小朋友放学时要根据是否正在下雨以及自己带没带伞来决定回家的方式。在编程时，要完成多个条件的综合判断，仅使用前面介绍的比较运算符是无法做到的，还需要使用逻辑运算符将多个条件连接起来，组成更复杂的条件。

📝 思维导图

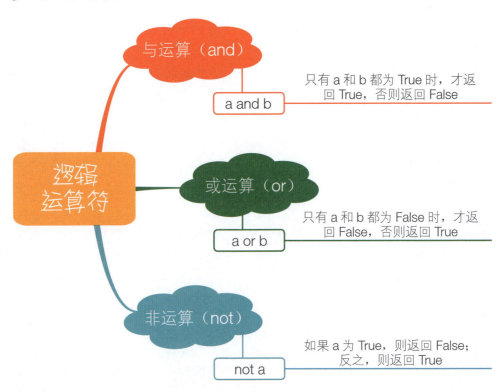

📝 案例说明

三角形的构成条件是任意两条边的边长之和大于第三边的边长，下面就利用逻辑运算符编写一个小程序，判断用户输入的三条边的边长能否构成三角形。打开编辑器，并输入如下代码。

第 2 章　Python 基础知识

🖊 代码解析

```
1  a = float(input("请输入第一条边的边长："))
2  b = float(input("请输入第二条边的边长："))
3  c = float(input("请输入第三条边的边长："))
4  if a + b > c and a + c > b and b + c > a:
5      print("是三角形")
6  if a + b <=c or a + c <= b or b + c <= a:
7      print("不是三角形")
```

创建变量 a、b、c，等运行时再由 input 函数为其赋值

只要满足三个条件中的任意一个条件，就不能构成三角形

只有同时满足这三个条件，才能构成三角形

保存以上代码并按【F5】键运行后，即可得到如下的运行结果。

🖊 运行结果

```
请输入第一条边的边长：5
请输入第二条边的边长：6
请输入第三条边的边长：12
不是三角形
```

🖊 要点分析

1 第 4 行代码中用到了逻辑与运算，表示用 and 连接起来的三个条件都成立，也就是任意两条边的边长之和都大于第三条边的边长，才能构成三角形。

2 第 6 行代码中用到了逻辑或运算，表示用 or 连接起来的三个条件中，只要满足一个条件，也就是一旦有两条边的边长之和小于等于第三条边的边长，就不能构成三角形。

3 第 4～7 行代码中用到了 if 条件语句，相关知识将在第 49 页详细讲解，在这里大家只需要知道使用该语句能够判断三条边的边长能否构成三角形。

018 数据类型：数字

案　　例	谁的存款更多
文件路径	案例文件 \ 第 2 章 \ 数字.py

难度系数 ★★★☆☆

Python 有多种数据类型，包括数字、字符串、列表和元组等，某些数据类型又可以分为多种类型，如数字类型分为整型、浮点型、布尔型等，前面介绍过的 float 就是数字类型中的浮点型。下面先来学习数字这个数据类型的知识吧。

思维导图

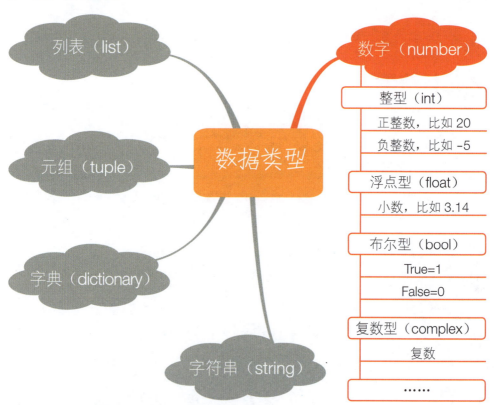

案例说明

下面以比较小张和小李谁的存款更多为例，编写一个小程序来帮助大家加深对数字的理解。打开编辑器，输入如下代码。

第 2 章　Python 基础知识

📝 代码解析

```
1    name_1 = input("请输入小张的存款金额：")
2    name_1 = float(name_1)
3    name_2 = input("请输入小李的存款金额：")
4    name_2 = float(name_2)
5    if name_1 > name_2:
6        print("小张的存款更多")
7    if name_1 < name_2:
8        print("小李的存款更多")
9    if name_1 == name_2:
10       print("小张和小李的存款一样多")
```

如果 name1>name2 成立，说明小张的存款更多；如果 name1<name2 成立，说明小李的存款更多；如果 name1==name2 成立，说明小张和小李的存款一样多

保存以上代码并按【F5】键运行后，即可得到如下的运行结果。

📝 运行结果

```
请输入小张的存款金额：1201.5
请输入小李的存款金额：1680.8
小李的存款更多
```

📝 要点分析

1 第 2 行和第 4 行代码中，由于输入的存款金额不一定是整数，所以使用了 float 函数而非 int 函数，将通过 input 函数输入的存款金额的字符串型数据转换为了浮点型数据。

2 第 5～10 行代码中使用了 if 条件语句，相关知识将在第 49 页详细讲解，在这里大家只需要知道使用该语句能够根据输入的存款金额判断谁的存款金额更多。

3 浮点型数据在计算机中是无法精确存储并计算的，相关的解决办法将在第 46 页详细讲解。

019 数据类型：字符串

案　　例	判断一个正整数是否是回文数
文件路径	案例文件 \ 第 2 章 \ 字符串.py

难度系数 ★★★☆☆

其实，在第 1 章我们就用到了字符串 "Hello Python!"。在 Python 中，通过给文本添加引号就可以创建字符串。下面就来学习字符串的知识吧。

思维导图

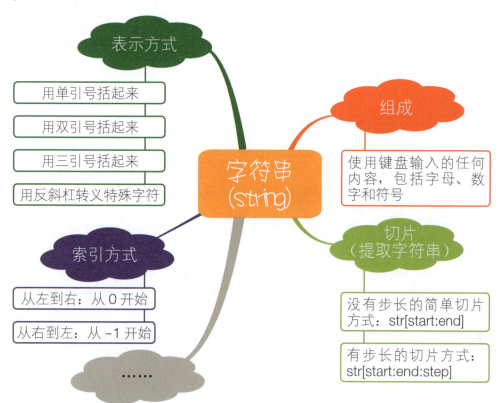

案例说明

如果一个正整数从左往右读和从右往左读都一样，我们就将它称为回文数。下面利用字符串编写一个小程序，判断输入的正整数是否为回文数。打开编辑器，输入如下代码。

代码解析

```
1  # 判断输入的正整数是不是回文数
2  num = int(input("请输入一个正整数："))
3  num_r = str(num)[::-1]
4  print(str(num), num_r)
5  if str(num) == num_r:
6      print("是回文数")
7  if str(num) != num_r:
8      print("不是回文数")
```

第 3 行：首先将变量 num 的数据类型转换为字符串，然后将 num 的值反转，最后将反转后的值赋值给变量 num_r

第 5~8 行：如果变量 num_r 的值等于变量 num 转换为字符串后的值，则输入的正整数是回文数；如果两者不相等，则输入的正整数不是回文数

保存以上代码并按【F5】键运行后，即可得到如下的运行结果。

运行结果

```
请输入一个正整数：1234321
1234321 1234321
是回文数
```

要点分析

1 在第 2 行代码中，因为通过 input 函数输入的内容为字符串型，所以通过 int 函数将其转换为整型。

2 由于只有字符串型的数据才能进行切片操作，所以在第 3 行代码中，先使用 str 函数将整型的变量 num 转换为字符串型，再对变量 num 进行切片操作。

3 字符串的切片操作指的是提取字符串的部分内容，要实现提取，就要先为字符串中的每个字符编号，在 Python 中称为索引。字符串的索引分为正向和反向两种方式，它们的编号方法见第 44 页的思维导图。切片操作的完整语法格式为 str[start:end:step]。str 表示要提取内容的字符串。start 是开始提取的索引编号，如果省略，则从第 1 个字符开始提取。end 是结束提取的索引编号，切片操作将提取到该编号为止（不包括该编号位置上的字符），如果省略，则提取到最后一个字符为止（包括最后一个字符）。step 是步长值，不能为 0。如果 step 省略或为 1，表示逐个提取，如果为 2，表示进行隔一

取一操作，依次类推。step 为正时表示从左向右提取，为负时表示从右向左提取。举例来说，如果 str = "abcdefghij"，那么 str[0:8:2] 表示对索引编号 0～7 的字符（即第 1～8 个字符）进行提取，在每 2 个字符中提取最左边的 1 个字符，提取结果是 "aceg"。第 3 行代码中的 [::-1]，start 和 end 均省略，表示从头提取到尾，而 step 为 -1，表示从右向左逐个提取，这样就实现了字符串的反转，也就是将输入的正整数逆序输出。

4 再次提醒大家，第 5 行代码中的"=="是关系运算符，用于比较两个值是否相等，不要和赋值运算符"="混淆了。

5 第 5～8 行代码中用到了 if 条件语句，相关知识将在第 49 页详细讲解，在这里大家只需要知道使用该语句能判断输入的值是否是回文数。

020 对浮点型数据执行精确运算

在 Python 中计算浮点型数据时，有可能会出现计算结果与数学中的计算结果不相同的情况。例如，在 IDLE 窗口中输入并运行以下代码：

```
1  print(0.35 + 0.3 + 0.35)
```

会发现运行结果并不等于 1，而是等于 0.9999999999999999。类似的，print(0.3 + 0.3 + 0.3) 的运行结果也不等于 0.9，而是等于 0.8999999999999999。这是为什么呢？

其实这和浮点型数据及计算机的二进制有关。大多数非常简单的浮点型数据在计算机内部转化为二进制时会变成无限循环小数，计算机不得不四舍五入，当这些二进制数再次转化为十进制时就会出现误差。简单来说，就是浮点型数据在计算机中无法精确存储导致了这个问题。

我们可以用 decimal 模块中的 decimal.Decimal 对象来解决这个问题。decimal 模块可以理解为固定小数点和浮点运算。Decimal 类型是在浮点型（float）的基础上设计的，但是它在以下几方面要优于浮点型（float）。

1. Decimal 类型可以非常精确地存储在计算机中。

2. Decimal 类型会自动与计算数据的精度相匹配。例如，浮点型的 2.20+1.80

的计算结果是 4.0，4.0 的精度与 2.20 和 1.80 的精度不匹配；而 Decimal 类型的 2.20+1.80 的计算结果是 4.00，4.00 的精度与 2.20 和 1.80 的精度相匹配。这样大家是不是更容易理解了呢？

3. Decimal 类型可以根据实际需要，配合 getcontext().prec 函数设置数据的有效数字。用法为 getcontext().prec=x，x 为想要的精度，如 x=3，表示保留 3 位有效数字。

下面就来看看 decimal 模块怎么用。在编辑器中输入如下代码：

调用 decimal 模块中的所有函数　　　　　通过 Decimal 函数以字符串形式传入浮点型数据

```
1  from decimal import *
2  print(Decimal("0.35") + Decimal("0.3") + Decimal("0.35"))
```

保存代码后按【F5】键，得到的计算结果为 1.00，就与数学中的计算结果一样了。

需要注意的是，第 2 行代码中 Decimal 函数传入的浮点型数据必须加引号，表示成字符串形式。传入整数时则不用加引号。如果在编辑器中输入以下代码：

```
1  from decimal import *
2  print(Decimal(0.35) + Decimal(0.3) + Decimal(0.35))
```

运行后得到的计算结果为 0.9999999999999999444888487687，与数学中的计算结果不符，这是因为浮点型数据本身就是不精确的，所以结果依然不准确。基于这一点，Decimal 函数并不建议直接传入浮点型数据。

如果不想以字符串形式为 Decimal 函数传入浮点型数据，可将上面的代码修改为如下代码：

```
1  from decimal import *
2  getcontext().prec = 3          设置保留 3 位有效数字
3  print(Decimal(0.35) + Decimal(0.3) + Decimal(0.35))
```

运行后得到的计算结果为 1.00，与数学中的计算结果一致，这是因为在第 2 行代码中设置了保留 3 位有效数字。

第 3 章

Python 控制语句

第 3 章　Python 控制语句

021 条件语句：if

| 案　　例 | 找出身高最高的人 |
| 文件路径 | 案例文件\第 3 章\if.py |

在前面的学习中，我们已经多次接触过 if 语句，大家可能已经对它有了一些感性的认识，知道它是 Python 中用于进行条件判断并执行相应操作的语句。下面就来更加系统地学习 if 语句的知识吧。

思维导图

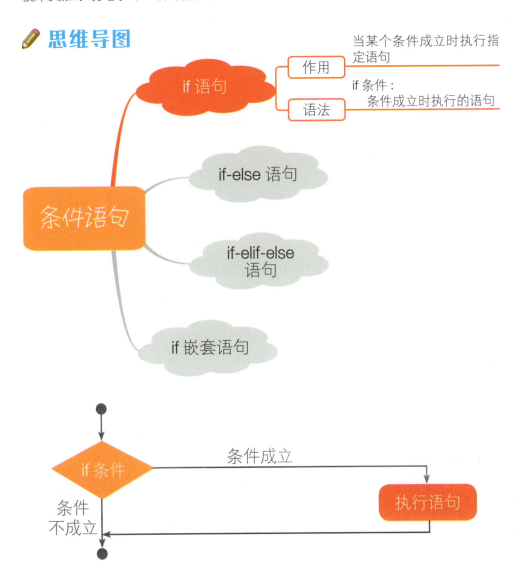

案例说明

下面利用 if 语句编写一个小程序,比较用户输入的 3 个学生的身高数据,找出身高最高的学生。打开编辑器,输入如下代码。

代码解析

```
1   h_1 = int(input("请输入第一个学生的身高(厘米):"))
2   n_1 = input("请输入第一个学生的姓名:")
3   h_2 = int(input("请输入第二个学生的身高(厘米):"))
4   n_2 = input("请输入第二个学生的姓名:")
5   h_3 = int(input("请输入第三个学生的身高(厘米):"))
6   n_3 = input("请输入第三个学生的姓名:")
7   max_h = h_1
8   max_n = n_1
9   if h_2 > max_h:
10      max_h = h_2
11      max_n = n_2
12  if h_3 > max_h:
13      max_h = h_3
14      max_n = n_3
15  print("身高最高的学生是", max_n, "身高是", max_h, "厘米")
```

将变量 h_1 和 n_1 的值分别赋给变量 max_h 和 max_n,也就是先假定第一个学生是身高最高的

使用 if 条件语句判断变量 h_2 的值是否大于变量 max_h 的值,如果条件成立,则身高最高的是第二个学生

使用 if 条件语句判断变量 h_3 的值是否大于变量 max_h 的值,如果条件成立,则身高最高的是第三个学生

保存以上代码并按【F5】键运行后,即可得到如下的运行结果。

运行结果

```
请输入第一个学生的身高(厘米):158
请输入第一个学生的姓名:小明
请输入第二个学生的身高(厘米):177
请输入第二个学生的姓名:小风
请输入第三个学生的身高(厘米):169
请输入第三个学生的姓名:小米
身高最高的学生是 小风 身高是 177 厘米
```

要点分析

1 在第1、3、5行代码中,因为通过input函数输入的值为字符串型,所以使用int函数将输入的值转为整型。

2 if语句可以多次使用,且多个if语句后的条件属于并列关系。例如,第9～14行代码中就有两个if条件,如果第9行中的if条件成立,则执行该if后的语句,如果第12行中的if条件成立,则执行该if后的语句。

3 在本程序中,if条件的表达式代码与变量赋值代码和输入输出代码处于同一个层次,因此if前不需要缩进。例如,第9行和第12行代码与第1～8行和第15行代码前都没有缩进。

4 在if条件表达式的后面需要输入一个冒号,且位于if条件表达式下方、当条件成立时执行的代码需要缩进编写,用于表示从属关系。例如,第10行和第11行代码前都有缩进,表示其从属于第9行代码中的if语句;第13行和第14行代码前也有缩进,表示其从属于第12行代码中的if语句。

5 虽然按一下【Tab】键和4个空格都可以实现相同的缩进效果,但是本书建议使用4个空格作为缩进。例如,在第10、11、13、14行代码前就使用了4个空格作为缩进。此外,在Python的编辑器中编写if条件语句的代码时,编辑器会自动进行缩进。

022 条件语句:if-else

案　　例 我进游乐园可以省多少钱
文件路径 案例文件\第3章\if-else.py

难度系数 ★★★☆☆

如果需要在一个条件成立时执行一种操作,不成立时执行另一种操作,可以编写两组if语句来达到目的。其实,Python针对这种情况提供了if-else语句,可以让代码变得更加简洁。下面就来学习if-else语句的用法吧。

思维导图

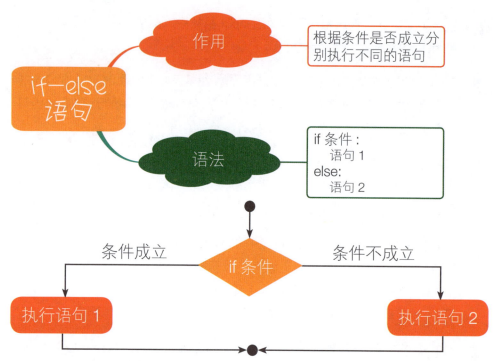

案例说明

已知某游乐园的门票原价 200 元，在六一节对身高不超过 1.4 米的儿童实行门票半价优惠，其余游客则实行门票九折优惠。下面利用条件语句 if-else 编写程序，根据身高计算可以节省的金额和实际支付的金额。打开编辑器，输入如下代码。

代码解析

```
1  price = 200
2  height = float(input("请输入身高（米）: "))
3  if height <= 1.4:
4      save = price * 0.5
5      print("节省的金额（元）: ", save)
6  else:
7      save = price * (1 - 0.9)
8      print("节省的金额（元）: ", save)
9  print("实际支付金额（元）: ", price - save)
```

如果身高值小于等于 1.4，则享有门票半价优惠，可节省 50% 的门票钱

如果身高值不是小于等于 1.4，则享有门票九折优惠，可节省 10% 的门票钱

第 3 章　Python 控制语句

保存以上代码并按【F5】键运行后，即可得到如下的运行结果。

运行结果

```
请输入身高（米）：1.36
节省的金额（元）：100.0
实际支付金额（元）：100.0
```

要点分析

1. 因为身高高于 1.4 米的游客享有门票九折优惠，所以在第 7 行代码中，可以节省的金额为票价的 10%，而不是 90%，为变量 save 赋值时一定要注意。

2. 用 if-else 语句编写的代码可以用 if 语句改写。例如，第 6 行代码中的 "else" 可以用代码 "if height > 1.4" 来代替，最终的判断结果是相同的。

023　条件语句：if-elif-else

案　例　了解学生的身体健康状况

文件路径　案例文件\第 3 章\if-elif-else.py

难度系数　★★★☆☆

if-else 语句适用于要判断并执行两种不同操作的情况，如果要执行的操作还有更多，就要使用可以进行多条件判断的 if-elif-else 语句。

思维导图

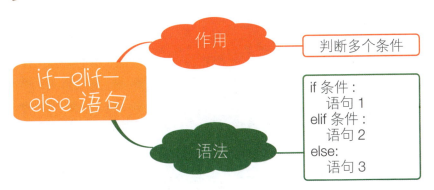

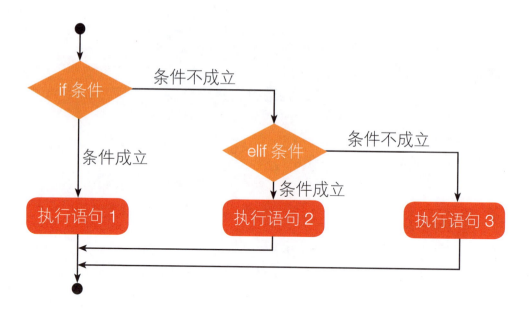

🖉 案例说明

已知身体质量指数（BMI）的计算公式为 BMI=体重/身高^2（体重的单位为"千克"，身高的单位为"米"）。BMI＜18.5 为"偏瘦"，18.5≤BMI＜24 为"正常"，24≤BMI＜28 为"偏胖"，BMI≥28 为"肥胖"。下面利用条件语句 if-elif-else 编程，通过计算 BMI 判断学生的胖瘦情况。打开编辑器，输入如下代码。

🖉 代码解析

```
1   height = float(input("请输入学生的身高（米）: "))
2   weight = float(input("请输入学生的体重（千克）: "))
3   bmi = weight / height ** 2
4   print("BMI数值为: ", bmi)
5   if bmi < 18.5:
6       print("偏瘦")
7   elif 18.5 <= bmi < 24:
8       print("正常")
9   elif 24 <= bmi < 28:
10      print("偏胖")
11  else:
12      print("肥胖")
```

第 3、4 行 → 计算 BMI 并输出到屏幕上

第 5~12 行 → 将判断胖瘦情况的过程通过 if-elif-else 语句表达出来：如果变量 bmi 的值满足 if 后的条件，说明学生体型偏瘦；如果满足第一个 elif 后的条件，说明学生体型正常；如果满足第二个 elif 后的条件，说明学生体型偏胖；如果都不满足，说明学生体型肥胖

保存以上代码并按【F5】键运行后，即可得到如下的运行结果。

运行结果

> 请输入学生的身高（米）：1.5
> 请输入学生的体重（千克）：48
> BMI数值为：21.333333333333332
> 正常

要点分析

1 在第3行代码中计算BMI时，由于求幂运算符（**）的优先级高于除法运算符（/）的优先级，所以，无须为"height ** 2"添加括号来提升优先级，Python会直接先进行求幂运算。

2 在if-elif-else语句中，if只能出现一次，而elif可以根据实际需求出现多次。例如，在第5～12行代码的if-elif-else语句中就使用了两个elif条件。如果有更多条件需要判断，可继续在if和else之间增加elif条件。

3 还需要注意的是，在条件语句中，if可以单独使用，但是elif和else不能单独使用，必须和if结合在一起使用。实际上，if-elif-else才是条件语句的完整形式。前面讲解的if语句，是不使用elif和else的条件语句形式；if-else语句，则是不使用elif的条件语句形式。

024 条件嵌套：if 和 if-else

案　例 今天天气怎样？
文件路径 案例文件 \ 第3章 \ if 和 if-else.py

难度系数 ★★★☆☆

如果想要在满足某个条件的前提下，再满足其他条件，可以将多个条件语句嵌套起来使用。下面先来看看if和if-else这两种条件语句是如何进行嵌套的吧！

思维导图

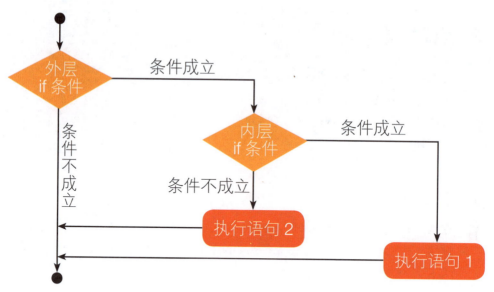

案例说明

下面利用 if 和 if-else 语句的嵌套编写一个小程序,结合温度和风速的数据判断天气情况。打开编辑器,输入如下代码。

代码解析

```
1  temp = float(input("请输入温度(℃):"))
2  speed = float(input("请输入风速(米/秒):"))
3  if temp >= 25:
4      if speed >= 8:
5          print("天气热且刮风")
6      else:
7          print("天气热且不刮风")
8  if temp < 25:
9      if speed >= 8:
10         print("天气冷且刮风")
```

在满足温度大于等于25℃的条件下,如果风速大于等于8米/秒,则输出"天气热且刮风"

在满足温度大于等于25℃的条件下,如果风速小于8米/秒,则输出"天气热且不刮风"

在满足温度小于25℃的条件下,如果风速大于等于8米/秒,则输出"天气冷且刮风"

第 3 章　Python 控制语句

```
11      else:
12          print("天气冷且不刮风")
```

在满足温度小于25℃的条件下，如果风速小于8米/秒，则输出"天气冷且不刮风"

保存以上代码并按【F5】键运行后，即可得到如下的运行结果。

运行结果

```
请输入温度（℃）：22
请输入风速（米/秒）：6
天气冷且不刮风
```

要点分析

1. 第 3 行代码为第一个 if 语句，第 8 行代码为第二个 if 语句。第 4～7 行代码为第一个 if 语句下嵌套的一个 if-else 语句，第 9～12 行代码为第二个 if 语句下嵌套的一个 if-else 语句。无论执行哪个 if-else 语句，都必须先满足它之上的 if 条件。

2. 在 Python 中编写嵌套条件语句时，只要没有违反语法规则，是可以嵌套任意多个条件语句的。然而，当嵌套的条件语句多于三层时，代码就会不便于阅读，而且可能会忽略一些可能性。因此，应尽量将嵌套条件语句拆分为多个 if 语句或其他类型的语句。

025　条件嵌套：if-else 和 if-elif-else

案　例　一起来玩"石头剪刀布"
文件路径　案例文件 \ 第 3 章 \ if-else 和 if-elif-else.py
难度系数　★★★★☆

当 if 和 if-else 语句嵌套后仍不能涵盖所有条件时，就需要用到其他语句的嵌套。下面就来看看能够涵盖多个条件的 if-else 和 if-elif-else 语句的嵌套吧！

思维导图

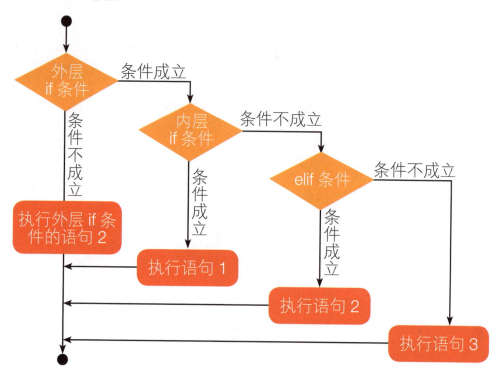

案例说明

下面利用 if-else 和 if-elif-else 语句的嵌套编写程序，实现和计算机玩"石头剪刀布"的游戏（分别用 0、1、2 代表石头、剪刀、布）。打开编辑器，输入如下代码。

代码解析

```
1   import random
2   computer = random.randint(0, 2)
3   player = int(input("请输入【石头(0)、剪刀(1)、布(2)】："))
4   if 0 <= player <= 2:
5       if (((player == 0) and (computer == 1)) or
           ((player == 1) and (computer == 2)) or
           ((player == 2) and (computer == 0))):
6           print("玩家获胜，恭喜！")
```

第2行：让计算机随机生成一个0~2之间的整数，即在0、1、2中随机挑选一个数

第4行：玩家输入的值必须在0~2之间，才能接着与计算机生成的随机数比较

第5行：当前提条件"玩家输入的值在0~2之间"成立时，如果 or 运算符连接的三个条件中的任意一个条件成立，则游戏结果为玩家获胜

当前提条件"玩家输入的值在 0～2 之间"成立时，如果该值与计算机生成的随机数相等，则游戏结果为平手

```
7        elif player == computer:
8            print("平手！")
9        else:
10           print("玩家输了，再接再厉！")
11   else:
12       print("输入错误")
```

当前提条件"玩家输入的值在 0～2 之间"成立时，如果内层 if 条件和 elif 条件均不满足，则游戏结果为玩家输

当前提条件"玩家输入的值在 0～2 之间"不成立时，则提示输入错误

保存以上代码并按【F5】键运行后，即可得到如下的运行结果。

✐ 运行结果

请输入【石头(0)、剪刀(1)、布(2)】：1
玩家输了，再接再厉！

✐ 要点分析

1 本游戏中设定石头、剪刀、布分别用 0、1、2 来代表，所以在第 1～2 行代码中使用 random 模块中的 randint 函数让计算机随机生成一个 0～2 之间的整数，作为计算机出的拳。random 模块和 randint 函数的知识会在第 103 页详细讲解，在这里大家只需要知道只有这样做才能在 0、1、2 中随机挑选一个数。

2 第 4 行代码为 if-else 语句语法中的 if 条件，第 5～10 行代码中的整个 if-elif-else 语句为 if-else 语句语法中的语句 1，第 12 行代码为 if-else 语句语法中的语句 2。

3 第 5 行代码中，and 运算符前后的条件都满足，结果才为 True，or 运算符前后的条件只要满足一个，结果就为 True。如果对这两个运算符的用法存在疑问，可回到第 40 页复习一下逻辑运算符的知识。

026 循环语句：while

案　　例	棋盘上的米粒
文件路径	案例文件 \ 第 3 章 \ while.py

难度系数

不停地重复做同一件事是很枯燥的，但计算机不怕重复，同样的事不管需要重复多少遍，它都会一丝不苟、不知疲倦地完成。在 Python 中，要让计算机重复执行指定的操作，就要使用循环语句。下面先来学习循环语句中的 while 语句吧。

思维导图

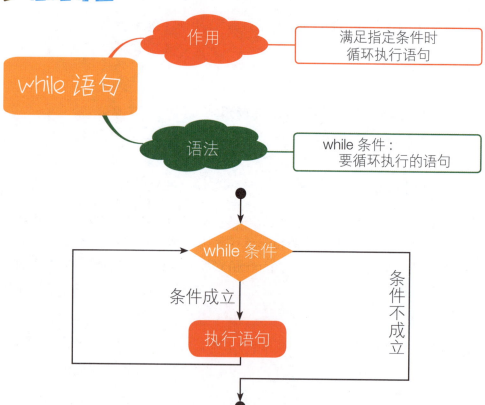

案例说明

国际象棋的棋盘有 8 行 8 列共 64 格。假设在第 1 格中放 1 粒米，在第 2 格中放 2 粒米，以后每格中都放数量为前一格 2 倍的米粒，求最终棋盘上的米粒总数。下面利用 while 语句编写程序，完成计算。打开编辑器，输入如下代码。

代码解析

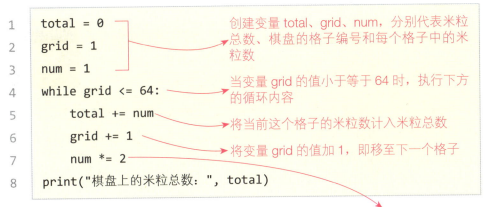

保存以上代码并按【F5】键运行后,即可得到如下的运行结果。

运行结果

棋盘上的米粒总数:18446744073709551615

要点分析

1. 米粒的摆放从第 1 格开始,到第 64 格为止,摆放的操作要重复 64 次,所以在第 2 行代码中为变量 grid 赋值 1,在第 4 行代码中设置 while 条件为变量 grid 的值小于等于 64。

2. 在第 5 ~ 7 行代码中,使用了加法赋值运算符和乘法赋值运算符,可以将符号左右两侧内容的和或乘积赋值给左侧的变量。以第 6 行代码为例,表示将变量 grid 原来的值加上 1,重新赋给变量 grid,这一行代码是控制循环次数的关键。如果对赋值运算符的用法存在疑问,可回到第 38 页复习赋值运算符的知识。

3. 和 if 条件语句一样,while 语句的循环条件后必须输入冒号,下方要循环执行的语句前也必须有缩进。

027 循环语句：for

案　　例	计算投资的本利和
文件路径	案例文件\第3章\for.py

难度系数 ★★★☆☆

Python 提供的循环方式除了 while 循环，还有 for 循环。两者的区别在于，while 循环常用于事先不知道何时停止循环的情况，for 循环则用于完成指定次数的循环。下面就来认识一下 for 语句吧。

思维导图

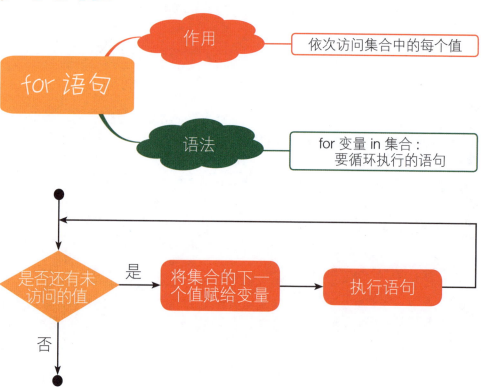

案例说明

假设我们要投资某个理财项目，年利率为 5%，按复利方式计算利息（把上一年的利息也作为下一年的本金来计算），现在要计算投资的 10 年内每年结束时的本利和（本金加上利息），计算公式为：本利和 = 本金 ×（1+ 年利率）^{投资年数}。打开编辑器，输入如下代码。

第 3 章　Python 控制语句

📝 代码解析

```
1   money = float(input("请输入投资金额（万元）："))
2   for i in range(10):
3       y = i + 1
4       f = money * (1 + 0.05) ** y
5       print("投资%d年后的本利和（万元）："%y, round(f, 2))
```

让变量 i 依次在 0～9 这 10 个整数中取值，实现 10 次重复操作

计算每一年结束时的本利和

% 占位符用于控制输出结果的呈现格式，具体见第 69 页的 "要点分析"

保存以上代码并按【F5】键运行后，即可得到如下的运行结果。

📝 运行结果

```
请输入投资金额（万元）：10
投资1年后的本利和（万元）：10.5
投资2年后的本利和（万元）：11.03
投资3年后的本利和（万元）：11.58
投资4年后的本利和（万元）：12.16
投资5年后的本利和（万元）：12.76
投资6年后的本利和（万元）：13.4
投资7年后的本利和（万元）：14.07
投资8年后的本利和（万元）：14.77
投资9年后的本利和（万元）：15.51
投资10年后的本利和（万元）：16.29
```

📝 要点分析

1 for 语句通常与 range 函数一起使用。range 函数常用于创建一个整数列表。例如，第 2 行代码中的 range(10) 相当于整数列表 [0, 1, 2, 3, 4, 5, 6, 7, 8, 9]，也就是说在执行 for 循环时，控制循环次数的变量 i 可以取的值依次为 0、1、2、3、4、5、6、7、8、9。

2 round 函数用于对数值进行四舍五入，若要让数值保留指定的小数位数，也可以使用该函数。第 5 行代码就使用了 round 函数将计算结果保留两位小数。

028 结束整个循环：break

案　　例	计算 1+2+……+100 的和
文件路径	案例文件 \ 第 3 章 \ break.py

难度系数 ★★★☆☆

当循环还没完成时，如果想要强制结束循环，可以使用 break 或 continue 语句。下面先来学习能够终止整个循环的 break 语句吧。

✏️ 思维导图

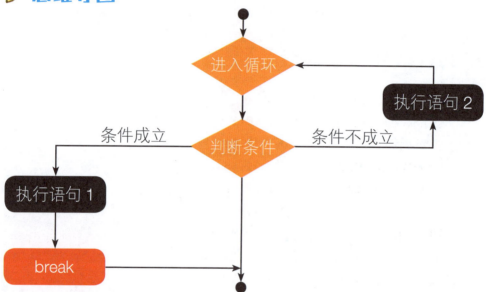

✏️ 案例说明

下面以计算 1+2+……+100 的和为例，编写一个小程序帮助大家理解 break 语句的用法。打开编辑器，输入如下代码。

✏️ 代码解析

```
1  sum = 0
2  i = 1
3  while True:          ← 循环开始，且不停地循环
4      sum += i
```

第 3 章　Python 控制语句

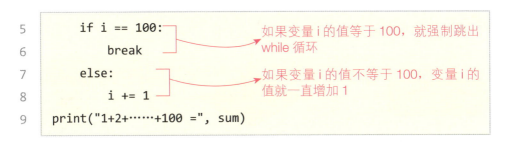

保存以上代码并按【F5】键运行后，即可得到如下的运行结果。

运行结果

```
1+2+……+100= 5050
```

要点分析

1 break 语句不能单独使用，只能用在循环语句中，且通常配合 if 语句使用。例如，第 5 行和第 6 行代码中，break 语句就与 if 语句结合使用。

2 第 3 行代码中的 while True 指的是无限循环，也就是我们常说的死循环。运行代码时，死循环会不停地执行，不会自行结束，只能使用【Ctrl+C】组合键来手动结束。因此，死循环通常会和 break 语句配合使用，让死循环在指定条件成立时结束。

3 需要特别注意的是，不要滥用 break 语句，因为它容易让代码在执行的过程中出错。在没有死循环语句的情况下，就尽量不要使用 break 语句。

029 结束本轮循环：continue

| 案　　例 | 统计分数 80 及以上的平均分 |
| 文件路径 | 案例文件 \ 第 3 章 \ continue.py |

break 语句会终止整个循环，如果要终止的只是本轮循环，紧接着还要继续执行下一轮循环，则要使用 continue 语句。

思维导图

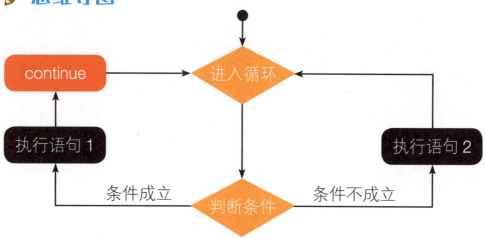

案例说明

已知10个学生的分数,现在要统计80分及以上分数的平均分。下面利用 continue 语句编写一个小程序来完成计算。打开编辑器,输入如下代码。

代码解析

```
1  list = [76, 68, 88, 44, 96, 81, 36, 80, 54, 47]
2  sum = 0
3  i = 0
4  for score in list:
5      if score < 80:
6          continue
7      else:
8          sum = sum + score
9          i = i + 1
10 print("80分及以上分数的平均分: ", sum / i)
```

第1行:将学生的分数作为一个列表赋值给变量 list
第4行:变量 score 从变量 list 这个列表中依次取值
第5、6行:当分数小于80时,不再执行后面的语句,直接进入下一次 for 循环
第7~9行:当分数大于等于80时,累计这些分数之和及分数的个数,为求平均值做准备

保存以上代码并按【F5】键运行后,即可得到如下的运行结果。

第 3 章　Python 控制语句

运行结果

80分及以上分数的平均分：86.25

要点分析

1. 在第 1 行代码中，变量 list 中存储的是列表类型的数据，相关知识会在第 75 页详细讲解，在这里大家只需要知道，列表可以将多个数据组织在一起。

2. continue 语句同样不能单独使用，只能用在循环语句中，且通常配合 if 语句使用。例如，第 5 行和第 6 行代码中，continue 语句就与 if 语句结合使用。

3. 第 5 行和第 6 行代码结合使用 if 语句和 continue 语句，跳过了列表 list 中小于 80 的分数，也就是小于 80 的分数将不会参与平均值的计算。

030　循环嵌套：while 和 while

案　　例 ▶ 制作九九乘法表
文件路径 ▶ 案例文件 \ 第 3 章 \ while 和 while.py

难度系数 ★★★☆☆

前面学习了条件语句的嵌套，那么循环语句是不是也能嵌套呢？答案是肯定的。下面先来学习 while 语句的嵌套吧。

思维导图

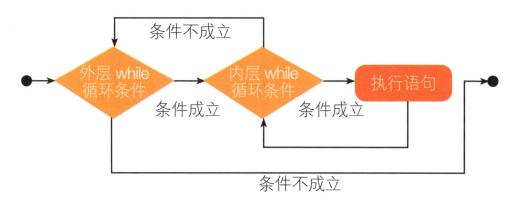

案例说明

下面利用 while 语句的嵌套编写一个小程序，在屏幕上输出九九乘法表。打开编辑器，输入如下代码。

代码解析

```
1  i = 1
2  while i <= 9:
3      j = 1
4      while j <= i:
5          print("%d*%d=%d"%(j, i, i*j), end = " ")
6          j += 1
7      print()
8      i += 1
```

因为九九乘法表一共有9行，所以设置代表行数的变量 i 的值从 1 开始，并且变量 i 的值小于等于 9 时才执行外层循环

因为九九乘法表第 1 行有 1 列，第 2 行有 2 列，依次类推，所以设置代表列数的变量 j 的值从 1 开始，并且列数 j 小于等于行数 i 时才执行内层循环

输出九九乘法表第 i 行的等式

每输出一行等式就换行

保存以上代码并按【F5】键运行后，即可得到如下的运行结果。

运行结果

```
1*1=1
1*2=2 2*2=4
1*3=3 2*3=6 3*3=9
1*4=4 2*4=8 3*4=12 4*4=16
1*5=5 2*5=10 3*5=15 4*5=20 5*5=25
1*6=6 2*6=12 3*6=18 4*6=24 5*6=30 6*6=36
1*7=7 2*7=14 3*7=21 4*7=28 5*7=35 6*7=42 7*7=49
1*8=8 2*8=16 3*8=24 4*8=32 5*8=40 6*8=48 7*8=56 8*8=64
1*9=9 2*9=18 3*9=27 4*9=36 5*9=45 6*9=54 7*9=63 8*9=72 9*9=81
```

要点分析

1 while 循环的嵌套就是把内层循环作为外层循环的语句。当内层循环的循环条件不成立时，内层循环结束，也就是外层循环的当次循环结束，然后开始下一次循环。例如，第 4～6 行代码就是内层循环，第 2～8 行代码则是外层循环，当第 4 行代码中的循环条件不成立时，就会结束该内层循环，然后开始外层循环的下一次循环。

2 第 5 行代码中的 "%d*%d=%d"%(j, i, i*j) 使用了 % 占位符来控制输出内容的呈现格式。占位符的作用是在一个字符串中先占住一个位置，之后再往这个位置插入内容。%d 表示插入一个整数类型的内容，%f 表示插入一个浮点数类型的内容，%s 表示插入一个字符串类型的内容，等等。在字符串中设定好占位符的位置和类型后，在字符串后面加一个 % 和一对小括号，再在小括号中依次书写需要插入的内容，运行代码时就会将内容一一插入到字符串中占位符的位置上。例如，"我叫%s，今年%d岁"%("小刚", 5) 就相当于 "我叫小刚，今年 5 岁"。这里的 "%d*%d=%d"%(j, i, i*j)，当 i = 1、j = 1 时会输出等式 "1*1=1"，当 i = 1、j = 2 时会输出等式 "1*2=2"，依次类推。

3 第 5 行代码中的 end = " " 表示不换行，输出一个空格后继续在后方输出内容（注意 end 后的引号内有一个空格，也可以换成其他内容）。例如，循环执行 print("#", end = " ")，就会输出一个 # 和空格，然后不换行，继续在后方输出 # 和空格，依次类推，得到一行 "# # # # # ……" 的效果。第 5 行代码就是利用这一原理，将等式输出在同一行中的。

4 第 7 行代码中的 print() 表示输出换行，也就是当第 4～6 行代码完成一行等式的输出后，就换行，准备输出下一行等式。

031 循环嵌套：for 和 for

案　　例 输出一个由☆号组成的等腰三角形
文件路径 案例文件 \ 第 3 章 \ for 和 for.py

难度系数 ★★★☆☆

除了使用 while 语句进行循环嵌套，还可以使用 for 语句进行循环嵌套，下面就来学习具体方法吧。

思维导图

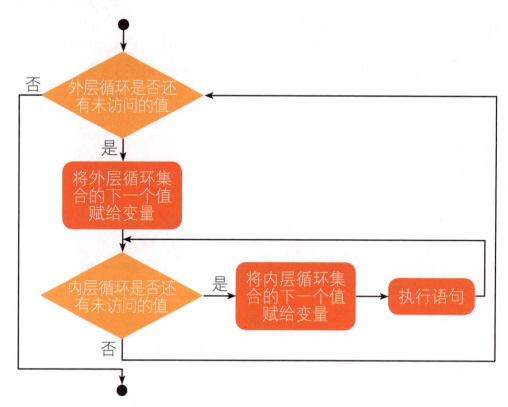

案例说明

下面利用 for 语句的嵌套编写一个小程序,在屏幕上输出一个由☆号组成的等腰三角形。打开编辑器,输入如下代码。

代码解析

```
1  for i in range(5):
2      for j in range(5 - i):
3          print(" ", end = "")        ➡不换行循环输出空格
4      for k in range(i + 1):
5          print("☆", end = "")        ➡不换行循环输出☆号
6      print()
```

保存以上代码并按【F5】键运行后,即可得到如下的运行结果。

第 3 章　Python 控制语句

运行结果

```
    ☆
   ☆☆
  ☆☆☆
 ☆☆☆☆
☆☆☆☆☆
```

要点分析

1. 第 3 行代码的 print(" ", end = "") 中，逗号前的引号内有一个空格，表示输出一个空格，end = "" 中的引号内则什么内容都没有，表示不换行继续输出。因此，第 2～3 行代码表示不换行循环输出 5 - i 个空格。同理，第 4～5 行代码表示不换行循环输出 i + 1 个☆号。由于每一轮外层循环的 i 值都不同，所以每一行中输出的空格数和☆号数也会相应变化。

2. 整个程序的执行过程为：外层循环的第一轮 i = 0，则内层循环的 range(5 - i) = range(5)、range(i + 1) = range(1)，故输出 5 个空格和 1 个☆号，然后换行；外层循环的第二轮 i = 1，则内层循环的 range(5 - i) = range(4)、range(i + 1) = range(2)，故输出 4 个空格和 2 个☆号，然后换行；……；外层循环的最后一轮 i = 4，则内层循环的 range(5 - i) = range(1)、range(i + 1) = range(5)，故输出 1 个空格和 5 个☆号，然后换行。输出的这些符号最终在屏幕上形成了一个等腰三角形。

032 条件和循环的嵌套

案　　例 ▶ 猴子分桃

文件路径 ▶ 案例文件\第 3 章\条件和循环的嵌套.py

难度系数 ★★★★★

条件语句可以和条件语句嵌套，循环语句可以和循环语句嵌套，那么条件语句和循环语句是否也可以嵌套呢？当然可以。下面就来学习 while、for 和 if-else 的嵌套方法吧。

思维导图

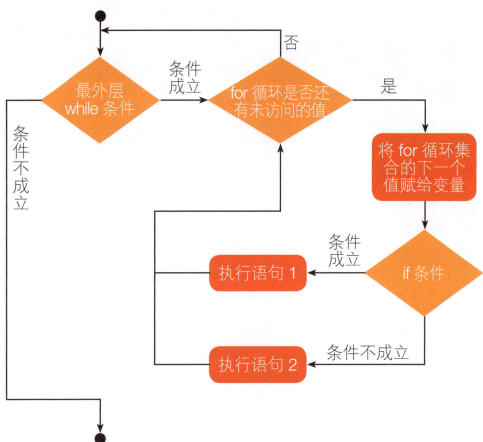

案例说明

地上有一堆桃子,现在有 5 只猴子来分。第 1 只猴子把桃子扔掉 1 个后平分成 5 份,并带走 1 份;第 2 只猴子把剩下的桃子扔掉 1 个后又平分成 5 份,也带走 1 份;第 3、第 4 和第 5 只猴子也都这样做后,剩下的桃子刚好能平分成 5 份。那么最开始至少有几个桃子呢?下面利用条件语句和循环语句的嵌套编写一个小程序,求出这道数学题的答案。打开编辑器,输入如下代码。

代码解析

```
1  cycle = 0
2  num_end = 1
```

创建变量 cycle、num_end,分别代表循环的次数、第 5 只猴子拿走的桃子个数

```
3    while cycle < 5:
4        num_rest = 4 * num_end          →  第5只猴子走后剩下的桃子个数
5        for cycle in range(5):
6            if(num_rest % 4 != 0):      ┐  当剩下的桃子个数不能被4整
7                break                   ┘  除时，就结束整个for循环
8            else:
9                cycle += 1
10           num_rest = num_rest / 4 * 5 + 1   →  上一只猴子走后剩下的桃子个数
11       num_end += 1
12   print("最开始的桃子个数：", int(num_rest))
```

保存以上代码并按【F5】键运行后，即可得到如下的运行结果。

✏ 运行结果

最开始的桃子个数：3121

✏ 要点分析

1 编程之前要先厘清解题思路。从第5只猴子开始往前推理，假设第5只猴子拿走 num_end 个桃子，剩下 num_rest 个桃子，因为第5只猴子将桃子扔掉1个才能平分成5份，所以第5只猴子可分的桃子就有 num_end * 5 + 1 个；分桃后剩下的桃子数量 num_rest = 4 * num_end 个，所以第5只猴子可分的桃子数量也可以是 num_rest / 4 * 5 + 1 个。根据这个思路，从 num_end = 1 开始，反推每只猴子拿桃之前桃子的个数 num_rest 需要满足一个条件，那就是能被4整除，因为上一只猴子拿桃之后剩下的桃子能平分成4份，如果每次桃子的个数都满足这个条件，那么就可以得到结果了。

2 第3～12行代码为最外层的 while 循环语句，第5～10行代码为第二层的 for 循环语句，第6～9行代码为最内层的 if-else 条件语句，最内层的 break 语句用于结束第二层的 for 循环。

3 在嵌套循环中，无论是 break 语句还是 continue 语句，都只对最近的一层循环起作用。例如，第7行代码中的 break 语句只会终止第5行中的 for 循环，而不会终止第3行中的 while 循环。

第 4 章

Python 数据结构

第 4 章　Python 数据结构

033　创建列表

案　　例　创建学生姓名列表

文件路径　案例文件\第 4 章\创建列表.py

假设需要存储 3 个学生的姓名，我们可以创建 3 个变量，每个变量存储一个姓名。但是，如果需要存储 50 个学生的姓名，这样操作就会很不方便。为了解决这个问题，Python 提供了列表、元组、字典等"容器"，可以将多个数据有序地组织在一起，方便调用。下面先从列表开始学习吧。

思维导图

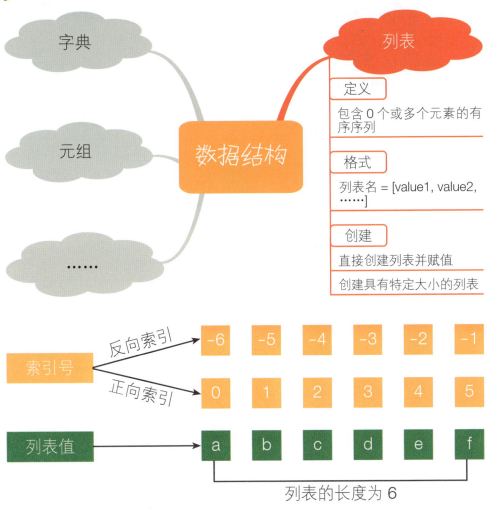

📝 案例说明

下面以创建学生姓名的列表为例,编写一个小程序来帮助大家加深对列表的理解。打开编辑器,输入如下代码。

📝 代码解析

```
1   # 创建一个列表并为其直接赋值
2   name = ["小张", "小李", "小王", "小赵"]
3   print(name)
4   # 创建一个具有特定大小的列表并为其赋值
5   name = [None] * 4
6   name[0] = "小张"
7   name[1] = "小李"
8   name[2] = "小王"
9   name[3] = "小赵"
10  print(name)
```

直接输入学生的姓名,创建一个名为 name 的列表,该列表由 4 个学生的姓名组成

创建一个包含 4 个空元素的列表

依次往空列表中添加学生的姓名,注意第 1 个元素的索引为 0

保存以上代码并按【F5】键运行后,即可得到如下的运行结果。

📝 运行结果

```
['小张', '小李', '小王', '小赵']
['小张', '小李', '小王', '小赵']
```

📝 要点分析

1 可以发现以上两种方式创建的列表是相同的,下面简单对比一下这两种方式的优缺点。第一种方式代码较简单,但容易在输入列表元素时遗漏个别元素,需要特别细心;第二种方式虽然代码更复杂,但是可以更好地确定列表的索引位置所对应的元素及列表元素的总个数,从而不容易遗漏列表中的元素。

2 前面的思维导图中讲过,列表元素的正向索引是从 0 开始的,而不是从 1 开始的,这一点需要特别注意。因此,在第 6 ~ 9 行代码中,用 name[0] 代表第 1 个列表元素,用 name[1] 代表第 2 个列表元素,依次类推。

3 None 表示一个空对象，它不能理解为 0，因为 0 是有意义的，而 None 只是一个特殊的空值。在 Python 中，可以将 None 赋值给任何变量。在创建一个具有特定大小的空列表时，会经常用到 None 这个特殊的常量。例如，第 5 行代码中使用 None 定义了一个空列表，在后面使用数字 4 来定义该空列表的长度，表示该空列表包含 4 个元素。因此，在第 6～9 行代码中为对应的 4 个索引位置赋予了 4 个学生的姓名。如果输入的学生姓名少于定义的 4 个，则会以一个 None 代替一个学生姓名。如果输入的学生姓名多于定义的 4 个，则会出现错误。

034 添加列表元素

案　例 在空列表中添加学生姓名

文件路径 案例文件\第 4 章\添加列表元素.py

难度系数 ★★★★☆

列表中元素的个数（列表的长度）并不是不可改变的，我们可通过 append、extend、insert 等函数在列表中增加元素，这样就大大增强了编程的灵活性。

思维导图

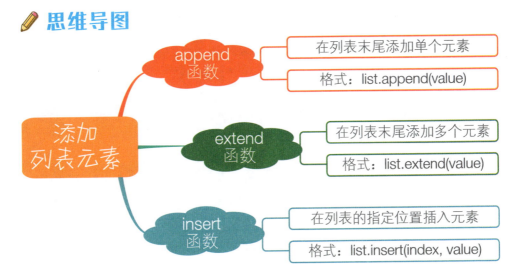

案例说明

下面以在空列表中添加学生姓名为例，利用 append、extend、insert 函数编写一个小程序。打开编辑器，输入如下代码。

代码解析

```
1   name = []
2   name.append("小张")
3   name.append("小李")
4   print(name)
5   name.extend(["小黄", "小曹", "小孟"])
6   print(name)
7   name.insert(2, "小冯")
8   print(name)
9   name[0] = "小何"
10  print(name)
```

- 创建一个空列表，并把它赋值给变量 name
- 在列表中陆续添加学生姓名"小张"和"小李"
- 在列表的末尾依次添加学生姓名"小黄""小曹""小孟"
- 在列表的第 2 个索引位置（即第 3 个元素）之前插入学生姓名"小冯"
- 将列表中第 0 个索引位置（即第 1 个元素）的学生姓名更改为"小何"

保存以上代码并按【F5】键运行后，即可得到如下的运行结果。

运行结果

```
['小张', '小李']
['小张', '小李', '小黄', '小曹', '小孟']
['小张', '小李', '小冯', '小黄', '小曹', '小孟']
['小何', '小李', '小冯', '小黄', '小曹', '小孟']
```

要点分析

1 在第 1 行代码中定义了一个空列表，该列表的内容和长度可在后续代码中根据实际需要进行分配。

2 append 函数用于在列表末尾追加元素，其语法格式为：list.append(value)。其中，list 代表要添加元素的列表名；value 代表要添加到列表末尾的单个元素，该元素无论是单个值还是列表或元组，都会被视为一个对象。也就是说，使用 append 追加元素时，要追加几个元素就要使用几次 append 函数。例如，在第 2 行和第 3 行代码中，就使用了两个 append 函数分别追加两个学生姓名，而不能使用一个 append 函数来追加两个学生姓名。

3 若想一次追加多个元素，可使用 extend 函数，其语法格式为：list.extend(value)。其中，list 同样代表要在末尾添加元素的列表名；要注意的是，value 应为一个列表，而不是逗号分隔的多个值，也就是说，该函数是用列表去扩展列表。例如，第 5 行代码中，extend 括号内的多个元素被一对"[]"包围，表示这是一个列表，要将该列表中的多个元素追加到列表 name 的末尾。如果写成 name.extend("小黄", "小曹", "小孟")，运行时就会出错。

4 若想在列表的某个指定位置插入元素，可使用 insert 函数，其语法格式为：list.insert(index, value)。其中，list 代表要插入元素的列表名，index 代表列表中要插入元素的指定位置的索引值，value 则代表要插入的元素。使用 insert 函数向列表中插入元素时，无论插入的对象是单个值还是列表或元组，都会被视为一个元素。这里需要再次强调一下，列表元素的正向索引是从 0 开始的，而不是从 1 开始的，请大家仔细体会第 7 行代码的运行结果。

035 删除列表元素

案 例	删除学生的姓名
文件路径	案例文件 \ 第 4 章 \ 删除列表元素.py

难度系数

如果学期中途有学生转学了，那么就需要将该学生的姓名从姓名列表中删除。在 Python 中该怎么实现呢？下面就来学习删除列表元素的方法吧。

🖉 思维导图

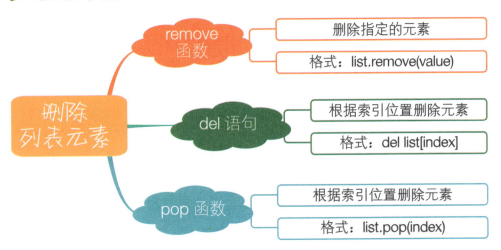

案例说明

下面以删除姓名列表中的学生姓名为例，利用 remove 函数、del 语句、pop 函数编写一个小程序。打开编辑器，输入如下代码。

代码解析

1	name = ["小张", "小李", "小冯", "小何", "小赵", "小金", "小黄", "小曹", "小孟"]
2	name.remove("小李") ——————————→ 直接删除学生姓名"小李"
3	print(name)
4	del name[2] ————————————————→ 删除姓名列表的第 3 个元素
5	print(name)
6	name.pop(5) ————————————————→ 删除姓名列表的第 6 个元素
7	print(name)
8	name.pop() —————————————————→ 删除姓名列表的最后一个元素
9	print(name)

保存以上代码并按【F5】键运行后，即可得到如下的运行结果。

运行结果

```
['小张', '小冯', '小何', '小赵', '小金', '小黄', '小曹', '小孟']
['小张', '小冯', '小赵', '小金', '小黄', '小曹', '小孟']
['小张', '小冯', '小赵', '小金', '小黄', '小孟']
['小张', '小冯', '小赵', '小金', '小黄']
```

要点分析

1 第 2 行代码中的 remove 函数可直接删除列表中指定的元素。如果指定的元素在列表中有多个，则只能删除第一个匹配的元素。

2 del 语句和 pop 函数都可以根据索引位置删除元素，但要注意它们的语法格式完全不同。例如，第 4 行代码中的 del name[2] 表示删除列表 name 的第 3 个元素。第 6 行代码中的 name.pop(5) 等同于代码 del name[5]，表示删除列表 name 的第 6 个元素。如果 pop 函数的括号内无索引位置，则表示删除列

第 4 章　Python 数据结构

表的最后一个元素，例如，第 8 行代码中的 name.pop() 就用于删除列表 name 的最后一个元素。

036 列表的切片操作

案　　例　选择自己喜爱的套餐
文件路径　案例文件\第 4 章\列表的切片操作.py

要取出列表中的单个元素，可以使用"列表名 [索引值]"的方式。如果要取出列表中的多个元素，则可以使用列表的切片操作灵活地截取需要的内容。

思维导图

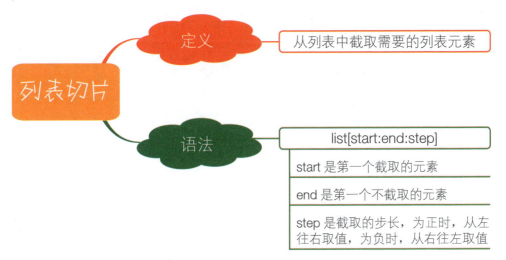

案例说明

假设在快餐店点餐时，我们需要从主食、小吃、饮料这 3 个菜单中分别选择自己喜爱的一种或多种菜品，并将选择的菜品组成一个套餐。下面利用列表切片编写一个小程序，完成点餐的操作。打开编辑器，输入如下代码。

代码解析

```
1  list1 = ["汉堡", "比萨饼", "鸭肉卷", "鸡肉卷"]
2  list2 = ["香辣鸡翅", "烤翅", "香骨鸡", "大排鸡"]
```

81

```
3    list3 = ["红茶", "乌龙茶", "豆浆", "果汁", "可乐"]
4    item1 = list1[2]
5    print(item1)
6    item2 = list2[2:]
7    print(item2)
8    item3 = list3[-1]
9    print(item3)
10   lists = [item1] + item2 + [item3]
11   print(lists)
```

截取列表 list1 的第 3 个元素,并将截取结果赋值给变量 item1

从列表 list2 的第 3 个元素截取到列表末尾,并将截取结果赋值给变量 item2

截取列表 list3 的倒数第 1 个元素,并将截取结果赋值给变量 item3

将 3 个截取结果合并到一个列表中

保存以上代码并按【F5】键运行后,即可得到如下的运行结果。

运行结果

```
鸭肉卷
['香骨鸡', '大排鸡']
可乐
['鸭肉卷', '香骨鸡', '大排鸡', '可乐']
```

要点分析

1 第 4 行和第 8 行代码执行的是列表的索引,提取出列表中的单个元素,因为这里提取出的单个元素是字符串,所以变量 item1 和 item3 的数据类型是字符串。第 6 行代码执行的是列表的切片,得到的是一个新的列表,因此,变量 item2 的数据类型是列表。大家一定要注意这两种操作的区别。

2 使用"+"运算符可将多个列表合并成一个列表。例如,第 10 行代码中就使用"+"运算符将 3 个截取结果合并到一个新的列表中。要注意的是,变量 item1 和 item3 的数据类型是字符串,变量 item2 的数据类型是列表,它们不能直接相加,因此,在第 10 行代码中先使用"[]"将变量 item1 和 item3 的数据类型由字符串转换为列表,再使用"+"运算符进行列表的合并。如果不转换就相加,运行时会报错。

037 元组的创建和使用

案　　例 计算学生考试的总成绩

文件路径 案例文件\第4章\元组的创建和使用.py

元组和列表类似，都能存储多个数据。不同的是，元组创建后，所存储的数据不能像列表一样添加、删除和替换，因此，可以将元组看成是只能读取、不能修改的列表。下面就来学习元组的创建和使用方法吧。

思维导图

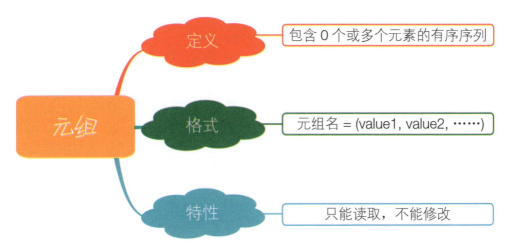

案例说明

下面以计算某位学生各科考试的总成绩为例，利用元组编写一个小程序，帮助大家理解元组的创建和使用方法。打开编辑器，输入如下代码。

代码解析

```
1  score = (58, 96, 88, 89, 78)
2  total = 0
3  for i in range(5):
4      total = total + score[i]
5  print("总成绩：", total)
```

直接输入各科考试的分数，创建一个名为 score 的元组，该元组由 5 个分数组成

使用 for 循环遍历元组中的分数，然后累加在一起

保存以上代码并按【F5】键运行后，即可得到如下的运行结果。

运行结果

总成绩：409

要点分析

1 要遍历元组中的元素，for 循环是最为常用的方法。第 3 ~ 4 行代码中就使用了 for 循环，循环变量 i 对应元组中元素的索引位置。第 3 行代码表示循环次数为 5 次，第 4 行代码表示每次循环要执行的具体操作是从元组中取出变量 i 代表的索引位置上的分数并进行累加，循环结束后即可得到总成绩。

2 第 1 行代码中使用直接输入元素的方式创建了一个元组。需注意的是，创建好的元组是不可变的，这表示我们无法单独更改元组中元素的值，除非对已有的元组整体重新赋值。

3 元组的元素书写在 "()" 中。如果要创建一个空的元组，则在 "()" 中什么也不写，如 tup = ()。如果要创建一个仅包含单个元素的元组，则该元素后必须加上一个逗号，如 tup = (58,)，这是规范的写法。

4 元组具有不可修改的特性，这让它变得相对不灵活，因为数据的修改是经常需要用到的操作。因此，在进行 Python 编程时，大多数情况下会使用可以灵活修改的列表来存储多个数据。除非在某些特殊情况下，才需要利用元组的不可修改特性。

038 创建字典

案　　例	列出学生最喜欢的运动
文件路径	案例文件 \ 第 4 章 \ 创建字典.py

难度系数 ★★★★☆

假设班级里每个学生都有一项最喜欢的运动，如果要将学生的姓名和他们最喜欢的运动一一匹配并存储到一起，使用列表或元组就不太方便和直观。此时需要使用另一种数据结构，那就是字典。下面先来学习字典的创建吧。

思维导图

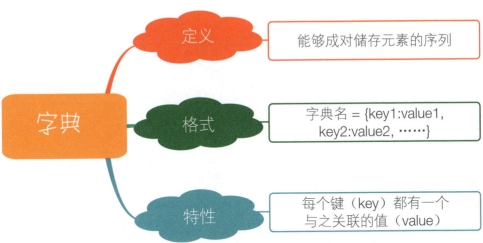

案例说明

我们以列出学生最喜欢的运动为例,编写一个小程序来帮助大家加深对字典的理解。打开编辑器,输入如下代码。

代码解析

```
1   # 通过直接赋值的方式创建一个字典
2   fav_sport = {"小张":"足球", "小王":"游泳", "小何":"羽毛球", "小林":"网球"}
3   print(fav_sport)
4   # 创建一个空的字典,然后为其赋值
5   fav_sport = {}
6   fav_sport["小张"] = "足球"
7   fav_sport["小王"] = "游泳"
8   fav_sport["小何"] = "羽毛球"
9   fav_sport["小林"] = "网球"
10  print(fav_sport)
```

第 2 行:直接输入数据,创建一个名为 fav_sport 的字典

第 5 行:创建一个空的字典

第 6~9 行:依次往空字典中添加数据

保存以上代码并按【F5】键运行后,即可得到如下的运行结果。

运行结果

```
{'小张': '足球', '小王': '游泳', '小何': '羽毛球',
'小林': '网球'}
{'小张': '足球', '小王': '游泳', '小何': '羽毛球',
'小林': '网球'}
```

要点分析

1 可以发现代码中的两种创建方法得到的字典是相同的。第 2 行代码中字典的创建方法和第 76 页中列表的第一种创建方法相似,不同之处在于列表使用"[]"将元素括起来,而字典则使用"{}"将元素括起来。列表的每个元素只有一个对应的值(value),而字典的每个元素都有一个键(key)和一个对应的值(value),键和值之间必须使用冒号分隔。

2 第 5~9 行代码为字典的另一种创建方法。它和第 76 页中列表的第二种创建方法既有相同之处又有不同之处。相同之处在于都是先创建一个空的列表或字典,然后依次为其赋值;不同之处在于列表是根据索引位置来赋值,而字典是根据键(key)来赋值(value)。

3 在字典中,因为需要通过键(key)来访问值(value),所以字典中的键(key)不允许重复。创建字典时,如果同一个键(key)被赋值两次,前一个值会被后一个值覆盖。

039 查找字典元素

| 案　　例 | 在成绩单中查找科目成绩 |
| 文件路径 | 案例文件\第 4 章\查找字典元素.py |

难度系数 ★★★★☆

期末考试后,老师会给每个学生发一张成绩单,上面是本次考试的各个科目和对应的分数。学生回家后,如果家长问起某一科目的分数,学生就要在成绩单中根据科目名称查找对应的分数,以便告诉家长。字典的查找就类似这样的过程,下面就来学习在字典中查找元素的方法吧。

第 4 章　Python 数据结构

✏️ 思维导图

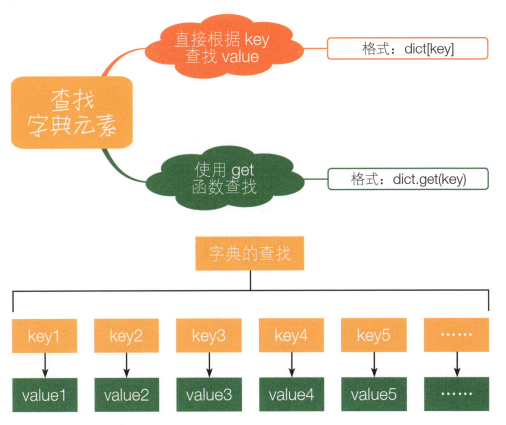

✏️ 案例说明

下面以在成绩单中查找科目成绩为例，编写一个小程序来帮助大家理解查找字典元素的方法。打开编辑器，输入如下代码。

✏️ 代码解析

```
1  scores = {"语文":88, "数学":90, "英语":85,
            "物理":87, "化学":75, "政治":93,
            "地理":88, "生物":98, "历史":100,
            "体育":87, "音乐":88, "美术":69}
2  print("我的化学成绩:", scores["化学"])
3  print("我的生物成绩:", scores.get("生物"))
4  print("我的信息成绩:", scores.get("信息"))
```

通过科目名称（键）查找科目成绩（值）

通过 get 函数查找科目成绩

87

保存以上代码并按【F5】键运行后，即可得到如下的运行结果。

运行结果

```
我的化学成绩：75
我的生物成绩：98
我的信息成绩：None
```

要点分析

1. 在字典中查找元素有两种方法：第一种是直接根据键（key）查找值（value），第2行代码就使用了此方法；第二种是使用 get 函数来查找，第3行和第4行代码就使用了此方法。其实，第二种方法也是根据键（key）来查找值（value）的，它相当于第一种方法的增强版。

2. 在实际使用时，建议使用第二种方法，因为用第一种方法查找字典中并不存在的键（key）时，运行代码时会出错；而用 get 函数查找不存在的键（key），则只会返回 None 值，而不会导致错误。

3. 还有一点需要注意，在查找元素时，列表的索引总是从 0 开始并连续增大；而字典的键（key）不需要从 0 开始，也不需要是连续的。

040 编辑字典元素

案　　例	整理书籍清单
文件路径	案例文件\第 4 章\编辑字典元素.py

难度系数 ★★★★☆

假设老师让你整理一下自己读过的书籍清单，你用 Python 编写了一个程序，将自己读过的书的书名和作者存储在一个字典中。整理好后却发现有些书名或作者写错了，还有一些读过的书忘记存进字典或字典中有些书根本没读过，这时该怎么办呢？不用着急，字典和列表一样，其中存储的元素可以方便地修改、添加或删除。下面就来学习具体的操作方法吧。

思维导图

案例说明

下面以整理书籍清单为例,编写一个小程序来帮助大家理解字典元素的编辑操作。打开编辑器,输入如下代码。

代码解析

```
1  list_books = {"史记":"司马迁",
               "红与黑":"司汤",
               "悲惨世界":"雨果",
               "西游记":"吴承恩",
               "本草纲目":"李时珍"}
2  list_books["昆虫记"] = "法布尔"
3  list_books["水浒传"] = "施耐庵"
4  list_books["红与黑"] = "司汤达"
5  list_books.pop("西游记")
6  del list_books["悲惨世界"]
7  print(list_books)
```

第 2、3 行：添加书籍的书名及作者
第 4 行：将"红与黑"的作者由"司汤"替换为"司汤达"
第 5、6 行：删除书籍的书名及作者

保存以上代码并按【F5】键运行后,即可得到如下的运行结果。

运行结果

{'史记': '司马迁', '红与黑': '司汤达', '本草纲目': '李时珍', '昆虫记': '法布尔', '水浒传': '施耐庵'}

要点分析

1. 在字典中添加元素和修改元素的代码都是：dict[key] = value。其中 dict 为字典名，该代码实际上是在为字典中的键（key）赋值（value）。如果为字典中不存在的一个键（key）赋予一个新的值（value），就会在字典中添加元素。第 2 行和第 3 行代码就使用了这种方法在字典中添加元素。如果为字典中已存在的一个键（key）赋予一个新的值（value），那么原来的值（value）会被覆盖，从而实现字典元素的修改。第 4 行代码就使用了这种方法对字典中已存在的键（key）所匹配的值（value）进行了覆盖。

2. 在第 79 页讲解删除列表元素时使用了 del 语句和 pop 函数，在字典中也可以使用它们来删除元素。第 5 行和第 6 行代码就分别使用了 pop 函数和 del 语句删除字典元素。

041 反向查找字典元素

案　　例	查找学生的学号
文件路径	案例文件\第 4 章\反向查找字典元素.py

难度系数

在第 87 页讲解查找字典元素时，是根据键（key）来查找值（value）。那么能不能根据值（value）来查找键（key）呢？答案是肯定的。下面就来学习反向查找字典元素的方法吧。

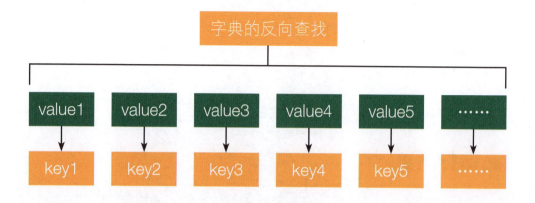

案例说明

下面以根据学生的姓名查找学号为例,编写一个小程序帮助大家理解字典元素的反向查找。打开编辑器,输入如下代码。

代码解析

```
1  id_name = {"01001":"小张",
              "01005":"小王",
              "01008":"小林",
              "01015":"小李",
              "01020":"小孔",
              "01035":"小何"}
2  name_id = {}                              ——→ 创建一个空的字典
3  for id, name in id_name.items():          ┐
4      name_id[name] = id                    ┘→ 交换学号和姓名,组成新的字典
5  print("小李的学号:", name_id["小李"])      ——→ 查找小李的学号
```

保存以上代码并按【F5】键运行后,即可得到如下的运行结果。

运行结果

小李的学号:01015

要点分析

1 实际上,Python 并没有提供根据键(key)查找值(value)的语句。上述代码是把原有字典中的 key 和 value 全部取出来,然后将 value 作为 key、key 作为 value 来构建一个新的字典。第 3 行代码使用 for 循环把字典 id_name 中学号(变量 id)和姓名(变量 name)的组合逐个取出,然后在第 4 行代码将学号和姓名这两个元素进行交换,添加到新的字典 name_id 中。

2 第 3 行代码中的 items 函数用于获取字典中的所有 key-value 对,其语法格式为 dict.items(),dict 为字典名。在反向查找字典元素时会经常用到该函数。

第 5 章

Python 函数与模块

第 5 章　Python 函数与模块

042　内置函数

| 案　　例 | 计算歌唱比赛选手的最终得分 |
| 文件路径 | 案例文件 \ 第 5 章 \ 内置函数.py |

难度系数　★★★☆☆

在编程中，有许多实现特定功能的代码是会反复用到的，如果让用户每次使用这些代码时都自己编写，效率就太低了，因此，Python 将这些代码封装成内置函数，供用户直接调用。如果内置函数不能满足需求，用户还可以创建自定义函数。

思维导图

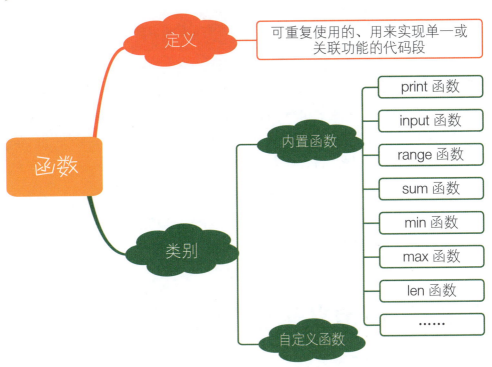

案例说明

在歌唱比赛中，假设有 10 个评委为参赛选手打分，分数采用 10 分制，且可以是小数。选手最终得分的计算方法为：去掉一个最低分和一个最高分，再计算剩余分数的平均分。下面利用内置函数编写程序，计算选手的最终得分。打开编辑器，输入如下代码。

代码解析

```
1  lists = [8.8, 9.6, 7.6, 10, 8.2, 9.3, 8.5, 6.3, 7.9, 5.6]   →10个评委的评分
2  lists.remove(max(lists))   →去掉最高分
3  lists.remove(min(lists))   →去掉最低分
4  a = sum(lists) / len(lists)   →计算去掉最高分和最低分后的平均分
5  print("去掉一个最高分和一个最低分,本选手的最后得分是:", round(a, 2))
```

保存以上代码并按【F5】键运行后,即可得到如下的运行结果。

运行结果

去掉一个最高分和一个最低分,本选手的最后得分是:8.28

要点分析

1 因为要去掉一个最高分和一个最低分,所以,在第2行代码中使用max函数获取最高分,在第3行代码中使用min函数获取最低分,再分别使用列表的remove函数从列表中删除最高分和最低分。

2 第4行代码中,先用sum函数计算列表数据的总和(即列表中剩余分数的总和),再用len函数获取列表的长度(即分数的个数),最后用列表数据的总和除以列表的长度,就计算出该选手的最终得分。

043 自定义无参数的函数

案　　例 输出3个由☆号组成的等腰三角形
文件路径 案例文件\第5章\自定义无参数的函数.py

难度系数 ★★★☆☆

在第69页,我们曾用for循环的嵌套在屏幕上输出了1个等腰三角形,如果现在要输出3个等腰三角形,是不是只能把之前编写的代码复制2次呢?当然不是。我们可以通过自定义并调用无参数的函数来快速达到目的。下面就来感受一下自定义无参数函数的魅力吧。

思维导图

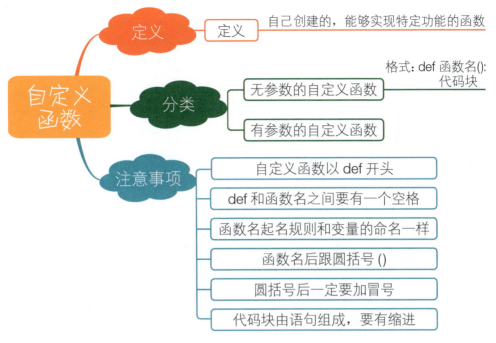

案例说明

下面利用无参数的自定义函数编写程序,在屏幕上输出 3 个由☆号组成的等腰三角形。打开编辑器,输入如下代码。

代码解析

```
1  def a():          ——自定义一个无参数的函数,函数名为 a
2      for i in range(5):
3          for j in range(5 - i):
4              print(" ", end = "")       在屏幕上输出 1 个等腰三角形的
5          for k in range(i + 1):         代码块
6              print("☆", end = "")
7          print()
8  a()
9  a()          调用 3 次自定义的无参数函数,在屏
10 a()          幕上输出 3 个等腰三角形
```

保存以上代码并按【F5】键运行后，即可得到如下的运行结果。

运行结果

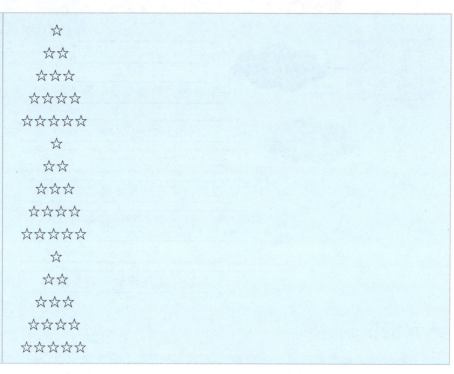

```
      ☆
     ☆☆
    ☆☆☆
   ☆☆☆☆
  ☆☆☆☆☆
      ☆
     ☆☆
    ☆☆☆
   ☆☆☆☆
  ☆☆☆☆☆
      ☆
     ☆☆
    ☆☆☆
   ☆☆☆☆
  ☆☆☆☆☆
```

要点分析

1 第 2～7 行代码利用 for 循环的嵌套输出 1 个由☆组成的等腰三角形；在第 1 行代码中定义了一个无参数函数 a()，用于代表第 2～7 行代码；第 8～10 行代码调用了 3 次函数 a()，即将第 2～7 行代码执行 3 遍。书写第 1～7 行代码时要注意用缩进来表明代码之间的从属关系。

2 要输出 n 个等腰三角形，就要调用 n 次函数 a()，书写 n 行 a() 代码，即：如果要输出 1 个等腰三角形，则调用 1 次函数 a()；如果要输出 2 个等腰三角形，则调用 2 次函数 a()；依次类推。

3 这里自定义的是无参数函数，函数名后的括号中没有任何内容，但在调用函数时，这一对括号不能省略，否则在运行时会报错。

第 5 章　Python 函数与模块

044 自定义有参数的函数

案　　例 ▶ 输出 n 个由☆号组成的等腰三角形
文件路径 ▶ 案例文件 \ 第 5 章 \ 自定义有参数的函数.py

难度系数

前面要输出 3 个等腰三角形，故书写了 3 行代码，调用了 3 次自定义函数。如果要输出的三角形个数很多，这样的调用方式就太麻烦了。下面来学习自定义有参数函数的方法，将三角形的个数作为函数的参数，这样就能既快捷又灵活地改变输出的三角形个数了。

思维导图

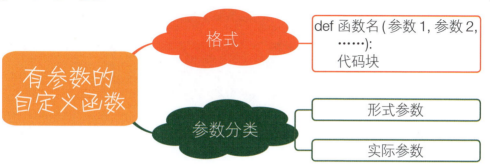

案例说明

下面利用有参数的自定义函数编写程序，在屏幕上输出 n 个由☆号组成的等腰三角形。打开编辑器，输入如下代码。

代码解析

```
1  def a(n):        自定义一个有参数的函数，函数名为 a，形式参数为 n
2      for number in range(n):
3          for i in range(5):
4              for j in range(5 - i):
5                  print(" ", end = "")      输出 n 个等腰三角形的
6              for k in range(i + 1):         代码块
7                  print("☆", end = "")
8              print()
9  a(3)         调用自定义的有参数函数，用于输出 3 个等腰三角形
```

保存以上代码并按【F5】键运行后，即可得到如下的运行结果。

运行结果

```
    ☆
   ☆☆
  ☆☆☆
 ☆☆☆☆
☆☆☆☆☆
    ☆
   ☆☆
  ☆☆☆
 ☆☆☆☆
☆☆☆☆☆
    ☆
   ☆☆
  ☆☆☆
 ☆☆☆☆
☆☆☆☆☆
```

要点分析

1 本案例的第 3~8 行代码与第 95 页的第 2~7 行代码相同，都用于输出等腰三角形。但是本案例还增加了第 2 行代码，利用一个 for 循环控制输出三角形代码的执行次数，该次数由自定义函数的形式参数 n 决定。这样在调用自定义函数时只需要改变括号内参数 n 的值，即可改变输出三角形的个数。

2 在第 1 行代码中自定义有参数的函数 a(n) 时，a 是函数名，n 是函数的参数，严格来说是形式参数。在第 9 行代码中将 3 赋给了 n，运行时就会输出 3 个等腰三角形，而如果这个值为 50，则会输出 50 个等腰三角形。这里的 3 和 50 都是调用函数时给形式参数赋予的实际值，称为实际参数。

3 自定义函数时，如果指定了多个形式参数，则在调用函数时就需要传入同样多个实际参数，且顺序必须和形式参数的顺序一致。

045 自定义有返回值的函数

案　　例 求给定日期是当年的第几天

文件路径 案例文件\第5章\自定义有返回值的函数.py

难度系数 ★★★★★

前面创建的自定义函数只执行操作，并不返回结果。如果我们想通过自定义函数执行指定操作并返回一个结果，供其他代码使用，就需要利用 return 语句自定义有返回值的函数。

思维导图

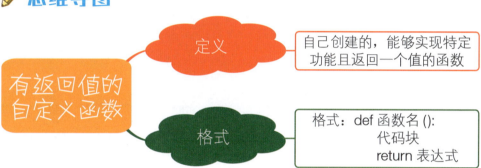

案例说明

下面通过自定义有返回值的函数编写一个小程序，求出给定日期是当年的第几天。打开编辑器，输入如下代码。

代码解析

```
1  def date(year, month, day):    ——自定义含有3个形式参数的函数
2      count = 0
3      if year % 400 == 0 or (year % 4 == 0 and year %100 != 0):
4          print("%d年是闰年，2月份有29天！"%year)
5          list1 = [31, 29, 31, 30, 31, 30, 31, 31, 30, 31, 30, 31]
6      for i in range(month - 1):
7          count += list1[i]
8      return count + day
```

```
9      else:
10         print("%d年是平年,2月份有28天!"%year)
11         list2 = [31, 28, 31, 30, 31, 30, 31, 31, 30, 31, 30, 31]
12         for i in range(month - 1):
13             count += list2[i]
14         return count + day
15  print("给定日期是当年的第%d天!"%date(2016, 6, 5))
```

输出给定日期是当年的第几天

判断该年是平年还是闰年,并计算给定日期是该年的第几天

保存以上代码并按【F5】键运行后,即可得到如下的运行结果。

运行结果

2016年是闰年,2月份有29天!
给定日期是当年的第157天!

要点分析

1. 闰年是为了弥补因人为历法规定造成的年度天数与地球实际公转周期的时间差而设立的,补上时间差的年份即为闰年。判断某个年份是闰年还是平年的方法为:如果该年份数能被 4 整除但不能被 100 整除,或者该年份数能被 400 整除,则该年份为闰年,反之则是平年。闰年共有 366 天(1—12 月分别为 31 天、29 天、31 天、30 天、31 天、30 天、31 天、31 天、30 天、31 天、30 天、31 天)。平年只有 365 天,因为平年的 2 月比闰年的 2 月少一天。第 5 行代码中定义的列表即为闰年每个月的天数,第 11 行代码中定义的列表则为平年每个月的天数,两者的区别就是 2 月(索引位置为 1)的天数不同。

2. 当 return 语句用在自定义函数中时,表示返回一个表达式的计算结果。例如,第 8 行和第 14 行中的 return 语句返回的是变量 count 和 day 的和,也就是计算给定日期是当年的第几天,这个值最终会通过第 15 行代码中的 print 函数输出在屏幕上。

第 5 章　Python 函数与模块

046 使用 time 模块获取时间

案　　例　计算已经活了多长时间

文件路径　案例文件 \ 第 5 章 \ time 模块.py

难度系数　★★★★★

随着 Python 版本的升级，内置的函数越来越多。为了方便代码的维护和函数的调用，Python 的开发者提出了模块的概念，他们将函数按功能的相关性分类存放在不同的文件里，这样的文件就称为模块。用户在编程时通过导入模块，可以快速找到并调用模块中的函数，并且编写出的代码会更简洁、更易懂。下面以 Python 内置的 time 模块为例，讲解模块的导入和模块中函数的调用方法。

📝 思维导图

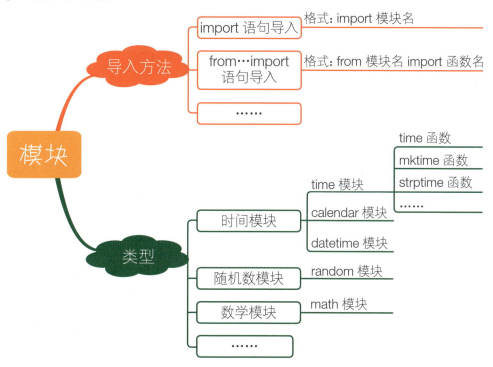

📝 案例说明

下面利用 time 模块编写一个小程序，计算自己已经活了多长时间，以此来帮助大家学习模块的导入和使用方法。打开编辑器，输入如下代码。

代码解析

```
1   import time                                    → 导入 time 模块
2   b = input("请输入您的出生日期,如(20060101): ")
3   a = time.time()                                → 获取当前时间的秒数
4   x = time.mktime(time.strptime(b, "%Y%m%d"))    → 计算出生日期的秒数
5   c = a - x                                      → 用当前时间减去出生日期,得到活了多少秒
6   m = c / 60  ┐
7   h = m / 60  │
8   d = h / 24  │                                  → 计算活了多少分钟、多少小时、多少天和多少年
9   y = d / 365 ┘
10  print("您已经活了\n", int(c), "秒\n", int(m), "分钟\n", int(h),
      "小时\n", int(d), "天\n", round(y, 2), "年")
```

保存以上代码并按【F5】键运行后,即可得到如下的运行结果。需要注意的是,由于当前时间不是一个固定的数据,所以运行结果会随时更新。

运行结果

```
请输入您的出生日期,如(20060101): 20080206
您已经活了
 362747059 秒
 6045784 分钟
 100763 小时
 4198 天
 11.5 年
```

要点分析

1 第 1 行代码使用"import 模块名"的方式导入 time 模块,随后使用该模块中的函数时,需要在函数名之前加上模块名。例如,第 3 行代码中,前一个 time 是模块名,后一个 time 是函数名;第 4 行代码中,time.mktime 中的 time 是模块名,mktime 是函数名,time.strptime 中的 time 是模块名,strptime 是函数名。

2 time 函数用于获得当前时间(严格来说是时间戳),该时间是指自 1970 年 1 月 1 日 0 时 0 分 0 秒至当前时间的秒数。该函数没有参数。

第 5 章　Python 函数与模块

3 strptime 函数用于根据指定的格式把一个时间字符串解析为时间元组，语法格式为 strptime(string, format)。参数 string 表示时间字符串，参数 format 表示时间格式字符串。在 Python 中，时间的格式有很多种。在第 4 行代码中，"%Y%m%d" 中的 %Y 表示 4 位数的年份，%m 表示月份，%d 表示一个月中的第几天。因此，strptime(b, "%Y%m%d") 表示把第 2 行代码中通过 input 函数输入的时间字符串按照 %Y%m%d 的格式解析为时间元组。

4 mktime 函数用于将时间元组转换为时间戳，语法格式为 mktime(t)，参数 t 表示时间元组。因此，第 4 行代码指的是使用 mktime 函数把通过 strptime 函数获取的时间元组转换为用秒数表示的时间。

047 使用 random 模块获得随机数

案　　例 ▸ 猜数字游戏
文件路径 ▸ 案例文件 \ 第 5 章 \ random 模块.py

在第 58 页中使用了 random 模块来获得随机数，不知大家是否还有印象。我们在生活中会经常接触到随机数，例如，玩游戏时掷骰子得到的点数就是随机数，每一次得到的点数都与上一次得到的点数毫无关系，具有不确定性和偶然性。在编程中，随机数的用途很广，常用来模拟现实生活中的一些事件。下面就来更全面地学习 random 模块吧。

✏ 思维导图

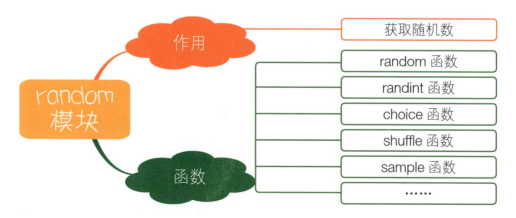

案例说明

下面利用 random 模块编写一个猜数字的小游戏,帮助大家加深对 random 模块的理解。打开编辑器,输入如下代码。

代码解析

```
1  import random              → 导入 random 模块
2  n = random.randint(0, 100) → 让计算机生成 0~100 之间的随机整数
3  while True:
4      ni = int(input("输入猜的数字："))
5      if ni > n:
6          print("大了")           输入的值大于计算机生成的随机数时,
7          continue              判断猜大了,需要继续猜
8      elif ni < n:
9          print("小了")           输入的值小于计算机生成的随机数时,
10         continue              判断猜小了,需要继续猜
11     else:
12         print("猜对了")         输入的值既不大于也不小于(即等于)
13         break                计算机生成的随机数时,判断猜对了,
                                结束程序的运行
```

保存以上代码并按【F5】键运行后,得到如下的运行结果。

运行结果

```
输入猜的数字：50
大了
输入猜的数字：40
小了
输入猜的数字：45
大了
输入猜的数字：44
大了
输入猜的数字：42
猜对了
```

第 5 章　Python 函数与模块

要点分析

1. randint 函数用于生成一个指定范围内的随机整数，语法格式为 randint(a, b)。参数 a 是下限，参数 b 是上限，参数 b 必须大于等于参数 a，否则运行时会报错。假设生成的随机数为 n，则 n 的取值范围为 a～b（包括 a 和 b）。第 2 行代码就表示让计算机生成一个 0～100 之间（包括 0 和 100）的随机整数。

2. 在比较输入的值与计算机生成的随机整数的大小时，用到了 while 循环语句和 if-elif-else 条件语句的嵌套，如果对这里的嵌套方式有不理解的地方，可返回第 3 章进行复习。

048　使用 math 模块获取数学常量

案　　例　计算圆的周长和面积
文件路径　案例文件 \ 第 5 章 \ math 模块.py

难度系数　★★★★☆

模块除了包含函数，还可以包含常量。在 Python 中进行数学运算时，可能会用到一些数学常量，如自然常数 e、圆周率 π 等，这时就可以通过 math 模块来调用这些常量。下面就来学习 math 模块的知识吧。

思维导图

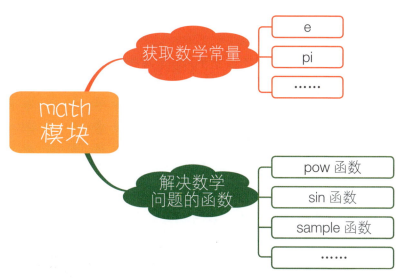

案例说明

下面以计算圆的周长和面积为例，编写一个小程序来帮助大家加深对 math 模块的理解。打开编辑器，输入如下代码。

代码解析

```
1  import math             ——→ 导入 math 模块
2  r = float(input("请输入圆的半径："))
3  c = 2 * math.pi * r     ——→ 计算圆的周长
4  s = math.pi * math.pow(r, 2)  ——→ 计算圆的面积
5  print("圆的周长为：", round(c, 2))  ┐
6  print("圆的面积为：", round(s, 2))  ┘ 输出圆的周长和面积，并保留两位小数
```

保存以上代码并按【F5】键运行后，输入圆的半径，如 10，按【Enter】键，即可得到如下的运行结果。

运行结果

```
请输入圆的半径：10
圆的周长为：62.83
圆的面积为：314.16
```

要点分析

1 第 3 行代码中使用了 math 模块中的 pi 常量来获取圆周率 π。在第 4 行代码中也用到了该常量。

2 math 模块中的 pow 函数用于返回某个值的几次方，语法格式为 pow(x, y)，即计算 x 的 y 次方。在第 4 行代码中利用该函数计算半径的平方值。

3 round 函数用于对数值进行四舍五入，语法格式为 round(x, n)，指的是让 x 保留 n 位小数。在第 5 行和第 6 行代码中利用该函数将圆周长和圆面积的计算结果四舍五入，保留两位小数。

第 5 章　Python 函数与模块

049　第三方模块的安装

前面讲解的模块都是 Python 的内置模块，它们是由 Python 的开发者编写的。用户也可以自己编写模块，在自己的代码中使用，这样的模块称为自定义模块。此外，用户还可以将自定义模块发布到 Python 的官方服务器上，共享给全世界的 Python 用户下载使用，这样的模块称为第三方模块。丰富而强大的第三方模块是 Python 能够如此流行的重要原因。Python 的官方安装包并不包含第三方模块，用户需要利用 Python 提供的 pip 工具将第三方模块安装到自己的计算机上，再在编程时调用。下面就来讲解第三方模块的安装方法。

1 按住键盘上的【⊞】键，不要松开，然后按【R】键，屏幕左下角会弹出一个小窗口，即 Windows 的 "运行" 窗口，如下图所示。

2 ❶在 "运行" 窗口的输入框中输入 "cmd"，❷然后按【Enter】键或单击窗口下方的 "确定" 按钮，如下左图所示，❸这时会弹出 Windows 的命令行窗口，如下右图所示。

3 现在需要在命令行窗口中将当前路径转到 pip 工具所在的路径。pip 工具默认位于 Python 安装路径下的 "Scripts" 文件夹下。假设当前计算机上 Python 的安装路径为 "D:\Python"，那么 pip 工具所在的路径就是 "D:\Python\Scripts"，所以首先需要进入 D 盘。将输入法切换到英文状态，❶在命令行窗口中输入 "d:"（盘符加冒号，盘符不区分大小写），按【Enter】键，❷即可看到当前路径已经转到 D 盘。

4 现在要进入 "Python" 文件夹。在命令行窗口中输入 "cd" 和一个空格，再输入文件夹名，就可以进入该文件夹。❶所以输入 "cd python"（文件夹名不区分大小写），按【Enter】键，❷即可看到当前路径已经改变。

第 5 章　Python 函数与模块

5 现在继续进入"Scripts"文件夹。❶在命令行窗口中输入"cd Scripts",然后按【Enter】键,❷即可看到当前路径已经变为 pip 工具所在的路径。

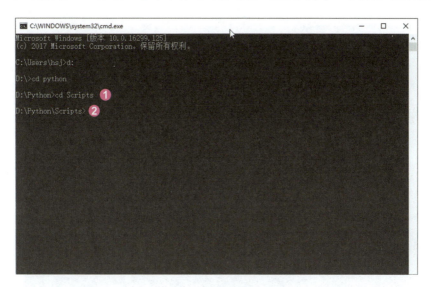

6 进入 pip 工具所在的路径之后,便可以开始安装需要的模块了。安装模块实际上是从专门的网站上下载模块,然后进行安装,安装完成后即可在 Python 中编程时使用。安装模块的命令格式为"pip install 模块名",这里以后面要使用的 requests 模块为例进行安装,其他模块的安装方式也是一样的。在命令行窗口中输入"pip install requests"。

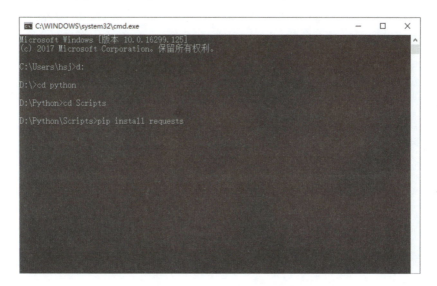

7 按【Enter】键，等待模块下载安装完成。当命令行窗口最后出现"Successfully installed......"的字样时，就表示模块安装成功了。

> 💡 **小提示**
>
> 　　如果忘记了 Python 的安装路径，可以使用如下方法查找：以 Windows 10 为例，在开始菜单中找到 IDLE 的快捷方式，右击该快捷方式，在弹出的快捷菜单中单击"更多 > 打开文件位置"命令，在打开的文件资源管理器窗口中选中并右击 IDLE 的快捷方式，在弹出的快捷菜单中单击"打开文件所在的位置"命令，即可进入 Python 的安装路径。

第 6 章

Python 的初级应用

050 求任意一元二次方程的根

案　　例	求任意一元二次方程的根
文件路径	案例文件\第6章\求任意一元二次方程的根.py

难度系数 ★★★★☆

📝 案例说明

在第35页已经学习过编程求解一元二次方程，当时求解的是一个给定的方程。本案例要在此基础上提高代码的通用性，根据用户输入的系数求解一元二次方程。

📝 思路分析

复习一下一元二次方程 $ax^2 + bx + c = 0$（$a \neq 0$）的求根公式：

$$x = \frac{-b \pm \sqrt{b^2 - 4ac}}{2a}$$

为简化问题，这里只求解有实根的方程，即系数 a、b、c 要满足以下条件：

$$b^2 - 4ac \geq 0$$

1 方程的系数 a、b、c 由用户从键盘输入，这样可以提高代码的通用性，因此，首先需要创建变量 a、b、c，用于存储用户输入的系数。

2 然后要利用 if 条件语句判断输入的系数能不能让方程有实根。如果能，才进行根的计算；如果不能，则提示用户重新输入系数。

3 求根公式涉及的运算较为复杂，包含加、减、乘、除、乘方、开方6种。乘方可以用运算符"**"，也可以用 pow 函数，这里选择用运算符"**"来完成。开方可以用 math 模块中的 sqrt 函数，也可以将开方转换为乘方，再使用运算符"**"或 pow 函数来完成，这里选择用 pow 函数来完成。

📝 代码解析

1 首先使用 input 函数给存储一元二次方程系数的变量 a、b、c 赋值。因为通过 input 函数输入的值为字符串，不能直接用于数学运算，所以还需要通过 float 函数将输入的值转换为浮点型数字。

第 6 章　Python 的初级应用

```
1  a = float(input("a = "))
2  b = float(input("b = "))
3  c = float(input("c = "))
```

2 接下来需要判断输入的系数能不能让方程有实根。如果能，就在屏幕上给出提示信息。

```
1  if (b ** 2 - 4 * a * c) >= 0:
2      print('这个方程有根！')
```

3 给出提示信息后，便开始使用求根公式计算方程的两个根，并将计算结果分别存储在变量 x1 和 x2 中。

```
1      x1 = (-b + pow((b ** 2 - 4 * a * c), 0.5)) / (2 * a)
2      x2 = (-b - pow((b ** 2 - 4 * a * c), 0.5)) / (2 * a)
3      print("该方程的两个根为", x1, "和", x2)
```

4 如果输入的系数不能让方程有实根，同样在屏幕上给出提示信息。至此，便完成了本案例所有代码的编写。

```
1  else:
2      print("该方程没有根，请重新输入")
```

✏️ 完整代码

本案例的完整代码如下，在编辑器中输入时要注意代码的缩进。

```
1  a = float(input("a = "))         ⎫
2  b = float(input("b = "))         ⎬  创建变量并赋值，设置其数据类型
3  c = float(input("c = "))         ⎭  为浮点型
4  if (b ** 2 - 4 * a * c) >= 0:       判断一元二次方程是否有实根。如
5      print("这个方程有根！")           果有实根，才能进行计算
```

113

```
6        x1 = (-b + pow((b ** 2 - 4 * a * c), 0.5)) / (2 * a)
7        x2 = (-b - pow((b ** 2 - 4 * a * c), 0.5)) / (2 * a)
8        print("该方程的两个根为", x1, "和", x2)
9    else:
10       print("该方程没有根，请重新输入")
```

如果没有根，则提示重新赋值　　利用求根公式计算方程的两个根

保存编写的代码，按【F5】键运行，得到如下的运行结果。

运行结果

```
a = 1
b = 5
c = -6
这个方程有根！
该方程的两个根为 1.0 和 -6.0
```

扩展练习

上述代码中使用 pow 函数实现了开方运算，下面换一种方法，使用 math 模块中的 sqrt 函数来完成开方运算。

```
1   # 导入math模块中的sqrt函数
2   from math import sqrt
3   # 创建变量并赋值
4   a = float(input("a = "))
5   b = float(input("b = "))
6   c = float(input("c = "))
7   # 判断方程是否有实根
8   if (b ** 2 - 4 * a * c) >= 0:
9       print("这个方程有根！")
10  # 用求根公式计算方程的根
11      x1 = (-b + sqrt(b ** 2 - 4 * a * c)) / (2 * a)
```

```
12        x2 = (-b - sqrt(b ** 2 - 4 * a * c)) / (2 * a)
13        print("该方程的两个根为", x1, "和", x2)
14 # 如果方程没有实根，则提示重新赋值
15 else:
16        print("该方程没有根，请重新输入")
```

051 计算任意三角形的面积

案　　例 计算任意三角形的面积

文件路径 案例文件\第6章\计算任意三角形的面积.py

难度系数

📝 案例说明

三角形面积根据不同的已知条件，有不同的计算公式。例如，已知三角形的底边长 a 和高 h，则三角形面积 $S = ah / 2$。本案例将使用海伦公式来计算三角形的面积，帮助大家巩固变量、运算符和条件语句的知识。

📝 思路分析

海伦公式如下：

$$S = \sqrt{p(p-a)(p-b)(p-c)}$$

其中：S 为三角形面积；a、b、c 分别为三角形三条边的边长；p 为半周长，其计算公式为 $p = (a + b + c) / 2$。

1 用海伦公式计算三角形的面积，需要的已知条件是三角形三条边的边长。本案例中三条边的边长值由用户通过键盘输入，所以需要创建三个变量 a、b、c 来存储输入的边长值。

2 要注意的是，并不是任意三个边长值都能构成三角形，而是需要满足一定的条件，即：任意两个边长值之和均大于第三个边长值。因此，在计算面积之前还需要用 if 条件语句判断输入的三个边长值能不能构成三角形。

3 海伦公式涉及多种运算，其中开方运算在 Python 中有多种实现方法，这里使用 pow 函数来完成。

代码解析

1 首先使用 input 函数给存储三个边长值的变量 a、b、c 赋值，并通过 float 函数将输入的值转换为浮点型数字。

```
1  a = float(input("a = "))
2  b = float(input("b = "))
3  c = float(input("c = "))
```

2 接着判断输入的三个边长值能否构成一个三角形。如果能，就在屏幕上给出提示信息。

```
1  if (a + b > c) and (a + c > b) and (b + c > a):
2      print("能构成三角形！")
```

3 确定三个边长值能构成一个三角形后，先计算三角形的半周长。

```
1  p = (a + b + c) / 2
```

4 再通过海伦公式计算三角形的面积，这里使用 pow 函数完成开方运算。计算完毕后输出计算结果。

```
1  s = pow(p * (p - a) * (p - b) * (p - c), 0.5)
2  print("面积：", s)
```

5 如果输入的三个边长值不能构成一个三角形，同样在屏幕上给出提示信息。至此，便完成了本案例所有代码的编写。

```
1  else:
2      print("不能构成三角形，请重新输入")
```

完整代码

本案例的完整代码如下，在编辑器中输入时要注意代码的缩进。

```
1   a = float(input("a = "))
2   b = float(input("b = "))
3   c = float(input("c = "))
4   if (a + b > c) and (a + c > b) and (b + c > a):
5       print("能构成三角形！")
6       p = (a + b + c) / 2
7       s = pow(p * (p - a) * (p - b) * (p - c), 0.5)
8       print("面积：", s)
9   else:
10      print("不能构成三角形，请重新输入")
```

- 分别输入三角形的三个边长值，并设置其数据类型为浮点型
- 判断三个边长值能否构成三角形
- 计算三角形的半周长
- 计算三角形的面积

保存编写的代码，按【F5】键运行，得到如下的运行结果。

运行结果

```
a = 9
b = 12
c = 15
能构成三角形！
面积： 54.0
```

扩展练习

上述代码中使用 pow 函数实现了开方运算，下面换一种方法，使用 math 模块中的 sqrt 函数来完成开方运算。

```
1   # 导入math模块
2   import math
3   # 创建变量及赋值
4   a = float(input("a = "))
5   b = float(input("b = "))
```

```
6    c = float(input("c = "))
7    # 判断能否构成三角形
8    if (a + b > c) and (a + c > b) and (b + c > a):
9        print("能构成三角形！")
10   # 计算三角形的半周长
11       p = (a + b + c) / 2
12   # 计算三角形的面积
13       s = math.sqrt(p * (p - a) * (p - b) * (p - c))
14       print("面积：", s)
15   # 如果不能构成三角形，则提示重新赋值
16   else:
17       print("不能构成三角形，请重新输入")
```

052 冒泡排序考试成绩

案　　例	冒泡排序考试成绩
文件路径	案例文件\第6章\冒泡排序.py

📝 案例说明

假设期末考试的成绩出来了，现在需要将班上所有学生的数学成绩从低到高排序。排序问题在编程中很基础也很常见，它的解法有很多，本案例选择初学者较易理解的冒泡排序法进行讲解。

📝 思路分析

冒泡排序法可以将一列散乱的数据按照从大到小或从小到大的顺序排列。以从小到大排序为例，将需要排序的元素看成是一个个气泡，较小的气泡应"浮"在较大的气泡上方。重复走访这些气泡，依次比较相邻两个气泡，如果较大的气泡在较小的气泡上方，就交换它们的位置，直到没有气泡需要交换位置，排序就完成了。在排序过程中，越小的气泡会逐渐"浮"到越靠近顶部的位置，越大的气泡会逐渐"沉"到越靠近底部的位置，这就是冒泡排序法名称的由来。

下面通过一个简单的例子来分析冒泡排序法的操作过程。假设有 5 个学生的成绩，初始的排列顺序为 98、90、82、95、88，现在要将成绩按照从小到大的顺序排列，如下图所示。

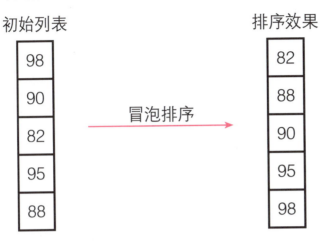

首先比较第 1 组相邻的数字，即 98 与 90，因为 98 大于 90，所以将 98 与 90 交换位置，后面的数字暂时不动。随后比较第 2 组相邻的数字，因为 98 与 90 已经交换了位置，所以第 2 组相邻的数字为 98 与 82，又因为 98 大于 82，所以又交换两个数字的位置。接着比较第 3 组相邻的数字，即 98 与 95，根据规则，98 与 95 也交换了位置。第 4 组也是最后一组数字是 98 与 88，根据规则，98 与 88 也交换了位置。至此，第 1 轮走访便结束了，过程如下图所示。

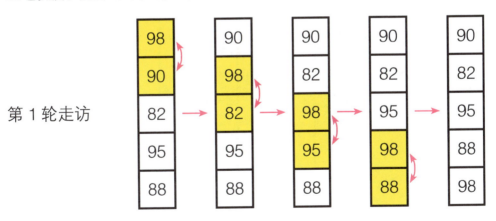

接下来重复上述步骤，直到整轮走访中没有发生数字交换为止，如下图所示，这样便完成了冒泡排序。

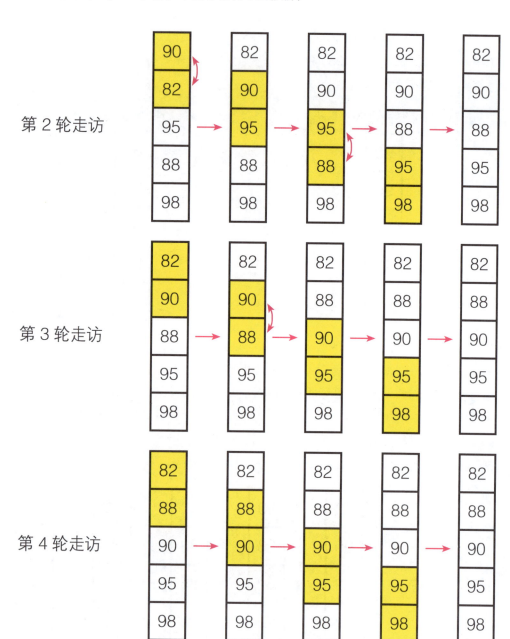

从上述分析可以得出冒泡排序的编程思路如下:

| 冒泡排序的整个比较过程是一个循环的过程,重复地进行相邻元素的两两比较,若前者大于后者,则交换两个数字的位置,反之则不做变化。上面的示例中有5个数要排序,共走访了4轮。假设有 n 个数要排序,则需要走访 n-1 轮。进一步仔细观察可以发现,第1轮走访对5个数进行了4次两两比较,

第 6 章　Python 的初级应用

结束时最大的数 98 已经沉到底部，排在正确的位置上，所以第 2 轮走访实际上只需对前 4 个数进行 3 次两两比较。第 2 轮走访结束，第二大的数 95 也已排在正确的位置上，所以第 3 轮走访实际上只需对前 3 个数进行 2 次两两比较。同理，第 4 轮走访只需对前 2 个数进行 1 次两两比较。因此，第 i 轮的比较次数是 $n - i$（$i = 1, 2, 3, 4, \cdots, n - 1$）。

2 为便于数字的比较和交换，选用列表这种数据结构来存储要排序的数字。

3 为了让代码的结构更加清晰，可以把整个冒泡排序的过程编写成一个自定义函数，将要排序的列表作为函数的参数，将排序后的列表作为函数的返回值。

✏️ 代码解析

1 首先创建一个自定义函数来完成冒泡排序。用 len 函数获取列表元素的个数，用两个 for 语句的嵌套来模拟排序过程。外层的 for 语句用于控制走访次数，内层的 for 语句用于控制比较次数，因为 i 从 0 开始取值，所以每一轮的比较次数是 len(lists) - i - 1。使用 if 条件语句完成两个数的大小比较和位置交换。

```python
def bubble_sort(lists):
    for i in range(len(lists) - 1):
        for j in range(len(lists) - i - 1):
            if lists[j] > lists[j + 1]:
                lists[j], lists[j + 1] = lists[j + 1], lists[j]
    return lists
```

2 为要排序的列表赋值。为便于比较冒泡排序的效果，赋值后在屏幕上输出要排序的列表。

```python
lists = [98, 90, 82, 95, 88]
print("要排序的列表：", lists)
```

3 然后输出冒泡排序的结果，其中调用了前面自定义的冒泡排序函数。至此，便完成了本案例所有代码的编写。

```python
print("冒泡排序结果：", bubble_sort(lists))
```

完整代码

本案例的完整代码如下，在编辑器中输入时要注意代码的缩进。

```
1  def bubble_sort(lists):
2      for i in range(len(lists) - 1):
3          for j in range(len(lists) - i - 1):
4              if lists[j] > lists[j + 1]:
5                  lists[j], lists[j + 1] = lists[j + 1], lists[j]
6      return lists
7  lists = [98, 90, 82, 95, 88]
8  print("要排序的列表：", lists)
9  print("冒泡排序结果：", bubble_sort(lists))
```

比较相邻元素的大小，如果前一个数大于后一个数，则交换两者的位置

→ 输出要排序的列表
→ 输出排序后的列表

保存编写的代码，按【F5】键运行，得到如下的运行结果。

运行结果

```
要排序的列表： [98, 90, 82, 95, 88]
冒泡排序结果： [82, 88, 90, 95, 98]
```

扩展练习

上述代码是将数字从小到大排序，如果要将数字从大到小排序，将 if 条件语句中的比较运算符 ">" 更改为 "<" 即可。更改后的代码如下。

```
1  # 自定义函数完成冒泡排序
2  def bubble_sort(lists):
3      for i in range(len(lists) - 1):
4          for j in range(len(lists) - i - 1):
5              if lists[j] < lists[j + 1]:
6                  lists[j], lists[j + 1] = lists[j + 1], lists[j]
7      return lists
8  # 创建并输出要排序的列表
9  lists = [98, 90, 82, 95, 88]
```

第6章　Python 的初级应用

```
10    print("要排序的列表：", lists)
11    # 输出冒泡排序的结果
12    print("冒泡排序结果：", bubble_sort(lists))
```

上面介绍的冒泡排序代码是最经典也是最原始的，但是，如果某一轮走访前列表就已经排好序，上述代码仍然会继续进行走访，这样就做了很多无用功。考虑到排序已经完成的标志是一轮走访中没有发生过交换，我们可以设置一个变量用于记录是否发生过交换。在一轮走访开始之前将变量的值设为 0，如果该轮走访中发生过交换，则将变量的值更改为 1。在该轮走访结束后判断变量的值，如果为 0，说明该轮走访没有发生过交换，则排序完成；如果不为 0，说明该轮走访发生过交换，还需要继续进行下一轮走访。按照这个思路修改后的代码如下：

```
1    def bubble_sort(lists):
2        for i in range(len(lists) - 1):
3            swap_flag = 0              ——→ 在一轮走访开始之前将变量的值设为 0
4            for j in range(len(lists) - i - 1):
5                if lists[j] > lists[j + 1]:
6                    lists[j], lists[j + 1] = lists[j + 1], lists[j]
7                    swap_flag = 1      →如果发生过交换，将变量的值更改为 1
8            if swap_flag == 0:         ┐ 一轮走访结束后，根据变量的值判断
9                return lists           ┘ 排序是否完成
10       return lists
11   lists = [98, 90, 82, 95, 88]
12   print("要排序的列表：", lists)
13   print("冒泡排序结果：", bubble_sort(lists))
```

053　运用 turtle 模块绘制爱心

案　　例　运用 turtle 模块绘制爱心

文件路径　案例文件 \ 第 6 章 \ 运用 turtle 模块绘制爱心.py

难度系数 ★★★★☆

案例说明

本案例要介绍 Python 中一个好玩的绘图模块——turtle，并使用这个模块绘制一个爱心。大家掌握了 turtle 模块的用法后，还可以绘制出更多美丽的图画。

思路分析

爱心形状的曲线在数学中有多种表达方式。为了简化问题，我们可以近似地将爱心看成是一个旋转了 45° 的正方形和两个半圆的组合，如下图所示。可以发现，正方形的边长恰好是两个半圆的直径。

假定正方形的边长为 200，并且以爱心底部的尖角为绘图的起始点，按逆时针方向绘制，那么绘制的过程可以表示为下图。

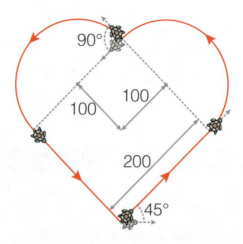

绘制出爱心的轮廓后，再在轮廓中填充颜色，就完成了爱心的绘制。

编程要点

turtle 模块俗称海龟绘图模块,它是 Python 的内置模块,用于在计算机屏幕上画图。在运行使用该模块编写的代码时,屏幕上会显示一个绘图窗口,也就是画布,画布上有一个代表画笔的箭头在移动,移动的路径上就绘制出了图形。

画笔移动的方向和位置决定了绘制出的图形是什么样的。而要确定画笔移动的方向和位置,我们需要先学习 turtle 模块的两个坐标体系——角度坐标体系和位置坐标体系。

角度坐标体系如下左图所示,它以画布的中心点为坐标原点(0,0),以 x 轴正方向为 0°,y 轴正方向为从 x 轴正方向逆时针旋转 90°,x 轴反方向为从 x 轴正方向逆时针旋转 180°,y 轴反方向为从 x 轴正方向逆时针旋转 270°。默认情况下,画笔的初始方向是 x 轴的正方向。在绘制爱心时,就是以这个坐标体系作为标准来定义画笔的方向的。

位置坐标体系如下右图所示,它以画布的中心点为坐标原点(0,0)。在绘制爱心时,就是以这个坐标体系作为标准来定义画笔的起始位置的。

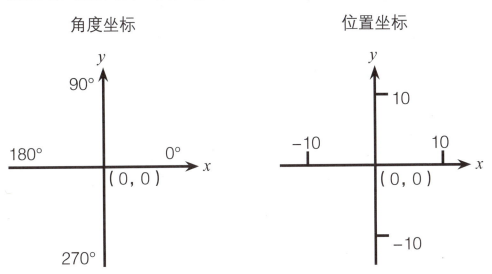

认识了定义画笔移动的方向和位置的坐标体系后,就可以使用 turtle 模块的函数来控制画笔在画布上移动,绘制出想要的图案。turtle 模块的函数主要分为画笔移动函数、画笔控制函数、全局控制函数 3 类。下面就来快速了解一下这些函数的用法吧。

1. 画笔移动函数

函数	功能
forward(n)	向画笔的当前方向移动 n 像素的距离
backward(n)	向画笔当前方向的相反方向移动 n 像素的距离
left(n)	让画笔逆时针旋转 n 度
right(n)	让画笔顺时针旋转 n 度
pendown()	落下画笔
penup()	抬起画笔
speed(s)	设置画笔的移动速度，s 为 0～10 之间的整数
goto(x, y)	将画笔移动到坐标为 (x, y) 的位置
circle(r, n)	绘制半径为 r、角度为 n 的圆弧。半径 r 为正值表示圆心在画笔的左边，半径 r 为负值表示圆心在画笔的右边。若省略 n，则绘制一个整圆

2. 画笔控制函数

函数	功能
pensize(n)	设置画笔的粗细
pencolor(color)	设置画笔的颜色
fillcolor(color)	设置图形的填充颜色
color(color1, color2)	同时设置画笔的颜色和图形的填充颜色，其中 color1 为画笔颜色，color2 为填充颜色
begin_fill()	准备开始填充图形
end_fill()	填充上次调用 begin_fill() 之后绘制的图形
hideturtle()	隐藏画笔
showturtle()	显示画笔

3. 全局控制函数

函数	功能
clear()	清空画布，不改变画笔的位置与状态
reset()	重置画布，让画笔回到初始状态

第 6 章　Python 的初级应用

函数	功能
undo()	撤销上一个画笔动作
stamp()	复制当前图形
write(a[, m=("m-name", m-size, "m-type")])	在画布上书写文本。a 为文本内容；m 为可选的字体参数，包括字体名称、大小和类型

📝 代码解析

1 要调用 turtle 模块中的函数绘制爱心，首先要导入 turtle 模块。在第 101 页介绍了两种导入模块的方法，前面的大多数案例中使用的都是"import 模块名"的方法，本案例则要使用"from 模块名 import 函数名"的方法。这是因为，通过这种方法导入模块后，在后续代码中可直接使用函数名调用模块中的函数，无须加上模块名这个前缀。此外，因为绘制爱心要使用的函数有很多，所以这里用通配符"*"代替函数名，写成"from 模块名 import *"，表示导入模块中的所有函数。

```
1  from turtle import *
```

2 在开始绘制之前，要先设置好画笔的参数，包括画笔的颜色、图形的填充颜色、画笔的粗细等。

```
1  color("red", "red")
2  pensize(2)
```

3 接着先将画笔抬起，然后将画笔移动到绘制的起始点，再让画笔落下。这样起笔的位置就设置好了。这里设定绘制的起始点坐标为（0，-100）。

```
1  penup()
2  goto(0, -100)
3  pendown()
```

4 完成画笔的参数和起笔位置的设置后,就可以真正开始绘制爱心了。先启用图形填充功能,然后从爱心底部的尖角开始逆时针绘制。由于画笔的初始方向为 x 轴的正方向,所以先将画笔逆时针旋转 45°,再向前移动 200 像素的距离,完成正方形一条边的绘制。然后绘制一个直径和正方形边长相等的半圆,这样就完成了右半边爱心轮廓的绘制。

```
1  begin_fill()
2  left(45)
3  forward(200)
4  circle(100, 180)
```

5 绘制完成右半边爱心轮廓后,将画笔旋转 90°,再绘制一个直径和正方形边长相等的半圆,然后将画笔向前移动 200 像素的距离,就完成了左半边爱心轮廓的绘制。这样整个爱心轮廓就绘制完毕了。

```
1  right(90)
2  circle(100, 180)
3  forward(200)
```

6 发出结束填充的指令,为爱心轮廓填充设定的颜色。为了让爱心的屏幕显示效果更加美观,将画笔隐藏。至此,便完成了本案例所有代码的编写。

```
1  end_fill()
2  hideturtle()
```

✏️ 完整代码

本案例的完整代码如下。

```
1  from turtle import *      → 导入绘制图形的 turtle 模块
2  color("red", "red")
3  pensize(2)                → 设置画笔的颜色、图形的填充颜色、画笔的粗细
4  penup()
5  goto(0, -100)             → 确定起笔的位置
6  pendown()
```

```
7   begin_fill()
8   left(45)
9   forward(200)
10  circle(100, 180)
11  right(90)
12  circle(100, 180)
13  forward(200)
14  end_fill()
15  hideturtle()
```

- 行7~10：绘制爱心的右半边轮廓
- 行11~13：绘制爱心的左半边轮廓
- 行14~15：填充颜色，然后隐藏画笔

保存编写的代码，按【F5】键运行，得到如下的运行结果。

运行结果

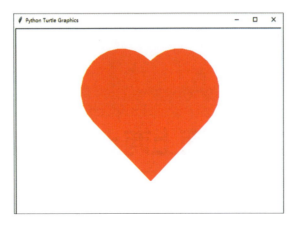

扩展练习

如果要在上述代码的基础上控制爱心的绘制速度，可以使用 speed 函数，修改后的代码如下。

```
1   # 导入绘图模块
2   from turtle import *
3   # 设置画笔的颜色、图形的填充颜色、画笔的粗细和移动速度
4   color("red", "red")
5   pensize(2)
6   speed(1)
```

```
7    # 确定起笔的位置
8    penup()
9    goto(0, -100)
10   pendown()
11   # 绘制爱心的右半边轮廓
12   begin_fill()
13   left(45)
14   forward(200)
15   circle(100, 180)
16   # 绘制爱心的左半边轮廓
17   right(90)
18   circle(100, 180)
19   forward(200)
20   # 填充颜色并隐藏画笔
21   end_fill()
22   hideturtle()
```

054 计算平面上两点间的直线距离

| 案　　例 | 计算平面上两点间的直线距离 |
| 文件路径 | 案例文件\第6章\计算平面上两点间的直线距离.py |

难度系数

✏ 案例说明

假设已知平面上两点的坐标，现在需要计算这两点间的直线距离。本案例将结合NumPy模块和math模块，帮助大家进一步巩固数学运算、调用模块及模块中函数的知识。

✏ 思路分析

计算平面上两点间的直线距离，需要建立坐标系，以确定两点的具体坐标。如下图所示，设坐标系中两点A、B的坐标分别为$A(x_1, y_1)$、$B(x_2, y_2)$，作辅助

线相交于 C 点，其坐标为 $C(x_1, y_2)$。A、B、C 三点构成了一个直角三角形，A 和 B 的距离就是直角三角形斜边的长度 $|AB|$，因此，利用勾股定理就可计算出 A 和 B 的距离。

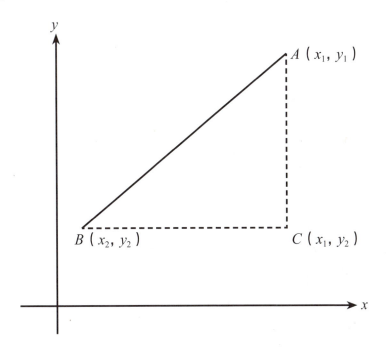

由上图可知，直角三角形的两条直角边的长度分别为 $|BC|=|x_1-x_2|$、$|AC|=|y_1-y_2|$，那么根据勾股定理，斜边的长度 $|AB|$ 的计算公式如下：

$$|AB| = \sqrt{|BC|^2 + |AC|^2} = \sqrt{(x_1-x_2)^2 + (y_1-y_2)^2}$$

知道了计算公式，下面来梳理编程的思路。

1. 两个点的坐标值由用户从键盘输入，这样可以提高代码的通用性，因此，需要创建变量 x1、y1、x2、y2，用于存储输入的坐标值。

2. 两点间距离的计算公式涉及的数学运算有加、减、平方、开方，它们在前面的案例中都出现过，本案例则要使用不同的方法来完成这个公式的计算，以帮助大家扩展知识面。

代码解析

1. 本案例会用到 NumPy 和 math 两个模块。NumPy 是一个第三方模块，它支持维度数组与矩阵运算，并针对数组运算提供大量的数学函数。这个模块不是内置模块，需要使用 pip 工具安装，对应的命令为：pip install numpy。如果忘记了第三方模块的安装方法，可以回到第 107～110 页进行复习。math 模块前面已经接触过，本案例要使用该模块中的 hypot 函数。在代码的开头要导入模块，第 1 行代码中加上 as 是为了将模块名 numpy 简化为 np，方便后续的代码编写。

```
1  import numpy as np
2  import math
```

2 使用 input 函数给存储坐标值的变量 x1、y1、x2、y2 赋值，并通过 int 函数将输入的值转换为整型数字。

```
1  x1 = int(input("第一个点的横坐标："))
2  y1 = int(input("第一个点的纵坐标："))
3  x2 = int(input("第二个点的横坐标："))
4  y2 = int(input("第二个点的纵坐标："))
```

3 接下来利用 NumPy 模块中的 array 函数，将输入的坐标值创建为两个数组，分别赋值给变量 n1 和 n2。

```
1  n1 = np.array([x1, y1])
2  n2 = np.array([x2, y2])
```

4 先用数组的减法运算求出坐标差，即 n3 = n2 - n1 = [x2 - x1, y2 - y1]。再用 math 模块下的 hypot 函数计算距离。hypot 函数的语法格式为 hypot(x, y)，返回的结果是 sqrt(x**2 + y**2)。这里 n3 = [x2 - x1, y2 - y1]，则 n3[0] = x2 - x1, n3[1] = y2 - y1，所以 hypot(n3[0], n3[1]) = sqrt((x2 - x1)**2 + (y2 - y1)**2)。这样就完成了两点间距离的计算，将计算结果赋给变量 n4。

```
1  n3 = n2 - n1
2  n4 = math.hypot(n3[0], n3[1])
```

5 在屏幕上输出两点的坐标值与计算出的距离。至此，便完成了本案例所有代码的编写。

第6章 Python的初级应用

```
1  print("第一个点的坐标：(%d，%d)"%(x1, y1))
2  print("第二个点的坐标：(%d，%d)"%(x2, y2))
3  print("两个点间的直线距离：%f"%n4)
```

✏ 完整代码

本案例的完整代码如下。

```
1   import numpy as np              ┐
2   import math                     ┘→ 导入用于计算的模块
3   x1 = int(input("第一个点的横坐标："))  ┐
4   y1 = int(input("第一个点的纵坐标："))  │
5   x2 = int(input("第二个点的横坐标："))  ├→ 输入要求距离的两点的坐标
6   y2 = int(input("第二个点的纵坐标："))  ┘
7   n1 = np.array([x1, y1])         ┐→ 将输入的坐标值转化为数组
8   n2 = np.array([x2, y2])         ┘
9   n3 = n2 - n1                    ┐→ 计算两点间的距离
10  n4 = math.hypot(n3[0], n3[1])   ┘
11  print("第一个点的坐标：(%d，%d)"%(x1, y1))  ┐
12  print("第二个点的坐标：(%d，%d)"%(x2, y2))  ├→ 输出坐标与距离
13  print("两个点间的直线距离：%f"%n4)           ┘
```

保存编写的代码，按【F5】键运行，分别输入两点的横坐标和纵坐标，得到如下的运行结果。

✏ 运行结果

```
第一个点的横坐标：1
第一个点的纵坐标：1
第二个点的横坐标：3
第二个点的纵坐标：3
第一个点的坐标：(1，1)
第二个点的坐标：(3，3)
两个点间的直线距离：2.828427
```

扩展练习

两点间距离的计算公式并不复杂,不借助 NumPy 模块,利用前面案例中的方法也能完成计算。修改后的代码如下。

```
1  import math
2  x1 = int(input('第一个点的横坐标:'))
3  y1 = int(input('第一个点的纵坐标:'))
4  x2 = int(input('第二个点的横坐标:'))
5  y2 = int(input('第二个点的纵坐标:'))
6  l = math.sqrt((x1 - x2) ** 2 + (y1 - y2) ** 2)
7  print("第一个点的坐标:(%d, %d)"%(x1, y1))
8  print("第二个点的坐标:(%d, %d)"%(x2, y2))
9  print("两个点间的直线距离:%f"%l)
```

第 7 章

Python 的高级应用

055 带图形用户界面的计算器

案　　例	带图形用户界面的计算器
文件路径	案例文件 \ 第 7 章 \ 带图形用户界面的计算器.py

案例说明

本案例要在 Python 中制作一个可以实现常用数学运算的简易计算器。这个案例的主要目的是对前面所学的知识进行综合运用，另外还会学习新的知识——如何设计图形用户界面。

编程要点

本案例的综合性较强，代码会很复杂，下面来梳理一下编程的要点。

1. 图形用户界面（Graphical User Interface，简称 GUI）是指采用图形方式显示的计算机操作界面。与早期计算机使用的命令行界面（类似 Python 的 IDLE 窗口）相比，图形用户界面对于用户更加友好，用户不必记忆命令，使用鼠标等输入设备操控屏幕上的按钮或菜单等组件，就能直观、快捷地完成操作。本案例中计算器的图形用户界面设计将使用 Python 内置的 tkinter 模块来完成，包括设置窗口的大小和标题、计算器按钮和文本框的大小和位置等。

2. 图形用户界面设计只实现了计算器的外观，而界面中各个组件的功能还需要另外编程才能实现。计算器的功能可简单可复杂，我们可以根据自己的编程能力来决定要实现哪些功能。首先要实现的自然是计算功能，本案例准备实现整数、小数的四则运算，以及乘方、开方和取整除运算。其次要实现的是对不规范的输入操作进行提醒，例如，一开始就输入小数点，连续输入小数点或运算符，输入的除数为 0，使用乘方或开方运算时算式包含其他运算符等。

代码解析

1. 设置窗口大小和标题

图形用户界面通常需要有一个窗口，用于放置界面中的按钮和文本框等组件。下面就利用 tkinter 模块生成一个窗口，并设置窗口的大小和标题。

第 7 章　Python 的高级应用

1 导入所需模块。本案例需要使用 re 模块分割字符串，使用 tkinter 模块设计图形用户界面，使用 tkinter 模块下的 messagebox 模块实现弹窗报错，因此，在开头要导入这些模块。

```
1  import re
2  import tkinter, tkinter.messagebox
```

2 创建窗口并设置其大小及标题。以下 4 行代码的作用依次为：创建窗口并赋值给变量 window；指定窗口大小，括号中的数字从左至右依次表示窗口的宽度、高度、x 坐标和 y 坐标（x、y 坐标是相对于计算机屏幕的位置）；设置窗口不可调整大小；设置窗口标题为"计算器"。创建出的界面效果如下图所示。

```
1  window = tkinter.Tk()
2  window.geometry('300x270+400+100')
3  window.resizable(False, False)
4  window.title('计算器')
```

> **小提示**
>
> 为窗口设置的坐标是屏幕坐标系中的坐标，屏幕坐标系的规定是：屏幕左下角为原点 (0, 0)，屏幕右上角坐标为 (Screenwidth, Screenheight)，Screenwidth 和 Screenheight 的大小取决于屏幕分辨率。

2. 定义计算器按钮的功能与不规范操作的提醒

接下来定义计算器按钮的功能，并对输入算式时可能出现的不规范操作通过弹出提示框进行提醒。这部分代码是整个案例的核心，为方便代码的调试和维护，并让代码的结构更清晰、易懂，采用自定义函数的方式编写这部分代码。

3 开始自定义函数。创建一个自定义函数，命名为"ButtonOperation"，表示"按钮操作"，意思是这个自定义函数下的代码都是关于计算器上每个按钮的功能的。设置函数的形式参数为 m，这个参数代表按下的是哪个按钮。创建变量 theme，在文本框中输入的所有内容（一个字符串）都会赋值给这个变量，后续还需要编写代码解析这个字符串，才能知道要执行哪些操作。

```
1  def ButtonOperation(m):
2      theme = themeVar.get()   # 使用get函数获取文本框中的字符串，
                                  赋值给变量theme
```

> 💡 **小提示**
>
> 为了方便理解和记忆，将"Button"（按钮）和"Operation"（操作）两个单词组合在一起作为自定义函数的函数名。

4 若文本框的内容是以小数点开头的，则在小数点前面自动加上 0。使用 startswith 函数检测变量 theme 的内容，若小数点在最开头的位置，则表示用户想要输入一个小数，所以在其开头处加一个"0"，这样在文本框中显示的就是标准格式的小数了。

```
1  if theme.startswith('.'):
2      theme = '0' + theme   # 在变量theme代表的字符串的开头加
                              上一个"0"，再重新赋值给变量theme
```

5 获取需要计算的数值。如果单击的是数字按钮，直接在变量 theme 代表的字符串中添加就可以了。

第 7 章　Python 的高级应用

```
1    if m in '0123456789':
2        theme += m   # 0～9中哪个按钮被单击,就在theme中添加哪个数字
```

6 定义小数点功能及判断小数点是否重复出现。在一个数值中是不能出现多个小数点的,下方第 3～7 行代码就是利用一个双向条件语句判断 theme 中是否出现了多个小数点,若出现多个小数点则会弹窗报错,若没有出现,则在 theme 中添加。

```
1    elif m == '.':
2        SegmentationPart=re.split(r'\+|-|\*|/', theme)[-1]
         # 将theme从+-*/这些字符处分割开,[-1]表示获取最后一个字符
3        if '.' in SegmentationPart:
4            tkinter.messagebox.showerror('错误', '重复出现的小
             数点')   # 弹出提示框,显示错误信息
5            return
6        else:
7            theme += m   # 在theme中添加m的内容
```

> **小提示**
>
> 第 2 行代码中使用了正则表达式。正则表达式是一个特殊的符号系列,它能检查一个字符串是否与某种模式匹配。

7 定义 "C" 按钮的功能。单击 "C" 按钮会清除文本框的所有内容。

```
1    elif m == 'C':
2        theme = ''   # 清除文本框的内容
```

8 判断是否出现连续的运算符。使用 endswith 函数判断 theme 末尾的字符是否是运算符。如果是运算符,则不能再输入运算符,否则要弹窗报错;如果不是运算符,则将输入的内容添加至 theme 中。

```
1    elif m in operators:
2        if theme.endswith(operators):    # 使用endswith函数判断
                                           theme的末尾字符，如果出现运算符则弹窗报错
3            tkinter.messagebox.showerror('错误', '不允许存在连
                                                  续运算符')
4            return
5        theme += m    # 如果没有问题，则在theme中继续添加
```

9 判断能否进行开方操作。先将 theme 的内容从小数点处分割开，存入列表 n，然后判断 n 中的元素是否全部为数字。若是，则执行开方操作；若不是，则弹窗报错。

```
1    elif m == 'Sqrt':
2        n = theme.split('.')    # 从.处分割并存入n，n是一个列表
3        if all(map(lambda x:x.isdigit(), n)):    # isdigit函数
                用于检测字符串是否只由数字组成。如果x中至少有一个字符且x
                中的所有字符都是数字，就返回True，否则返回False
4            theme=eval(theme)**0.5
5        else:
6            tkinter.messagebox.showerror('错误', '算式错误')
7            return
```

> **小提示**
>
> 在第 2 行代码中，split 函数的功能是根据指定的分隔符对字符串进行拆分，并返回拆分后的字符串列表（list），所以 n 是一个列表而不是一个字符串。

> **小提示**
>
> map 函数的语法格式是 map(function, iterable, ……)，它的返回结果是一个列表。参数 function 传入的是一个函数名，可以是内置函数或自定义函数。参数 iterable 传入的是一个可以迭代的对象，如列表、元组、字符串等。这个函数的功能就是将 function 应用于 iterable 的每一个元素，应用结果以列表的形式返回。

第 7 章　Python 的高级应用

> **小提示**
>
> lambda 是一个表达式而不是一个语句，其一般形式为：lambda 参数表达式。表达式必须包含参数。lambda 能出现在 Python 语法不允许 def 语句出现的地方。作为表达式，lambda 返回一个值，即一个新的函数。

10 定义 "=" 按钮的功能。这里用到了 Python 中进行异常处理的 try-except 语句，如果算式的计算过程发生异常（如除法算式的除数为 0 等），则弹窗报错。

```
1  elif m == '=':
2      try:
3          theme=str(eval(theme))    # 调用eval函数，用字符串计算出结果
4      except:
5          tkinter.messagebox.showerror('错误', '算式错误')
6      return
```

异常处理过程

> **小提示**
>
> eval 函数可以实现列表（list）、字典（dict）、元组（tuple）与字符串（str）之间的转换。

> **小提示**
>
> 异常处理过程使用的 try-except 语句在运行时的流程是这样的：首先尝试执行 try 子句，如果没有发生异常，则会忽略所有的 except 子句并继续执行；如果发生异常，就执行 except 子句。

11 将算式的计算结果显示在文本框中。

```
1  themeVar.set(theme)    # 用set函数获取计算结果，显示到文本框中
```

3. 放置计算器按钮和文本框

这一部分要在窗口中放置文本框和按钮等组件，并设置它们的外观。文本框的功能类似于现实生活中计算器上的显示屏，而按钮则是输入算式的关键。至此，便完成了整个计算器的制作。

12 放置文本框。第 1 行代码中的 StringVar 用于创建一个能够自动刷新的字符串变量；第 2 行代码中的 Entry 用于创建一个单行文本框，文本框的内容存储在由 textvariable 参数指定的变量中；第 3 行代码将文本框设置为只读形式；第 4 行代码设置文本框在窗口中的 x、y 坐标，以及文本框的宽度和高度。设置好的文本框如下图所示。

```
1  themeVar = tkinter.StringVar(window, '')
2  themeEntry = tkinter.Entry(window, textvariable=themeVar)   # 前
   两行代码的第一个参数都是window，表示它们都从属于window窗口
3  themeEntry['state'] = 'readonly'   # 设置文本框只能读，不能写
4  themeEntry.place(x=10, y=10, width=280, height=20)   # 设置文本
   框在窗口中的x、y坐标位置，以及文本框的宽度和高度
```

> **小提示**
>
> 设置文本框的宽度和高度时，一定要注意窗口的宽度和高度，不能让文本框超出窗口的范围。前面设置了窗口的宽度为 300 像素，此处设置文本框的宽度为 280 像素，并设置文本框的 x 坐标为 10 像素，是为了让文本框在窗口中水平居中显示。

第 7 章　Python 的高级应用

13 放置数字 0～9、小数点及 "Sqrt" 按钮。第 1 行代码把这 12 个按钮上要显示的文字放在一个列表中赋值给变量 figure。第 3～8 行代码使用嵌套的 for 循环语句，将 12 个按钮按照四行三列的方式放置。在进入循环之前，在第 2 行代码中创建变量 index 作为按钮文字的列表索引，并赋初值为 0。第 6 行代码让变量 index 的值依次递增，表示从列表中依次取出每个按钮的文字。第 7 行代码根据取出的按钮文字创建按钮并调用前面自定义的 ButtonOperation 函数，实现按钮的实际功能。第 8 行代码设置按钮的位置和大小，其方式与设置文本框的位置和大小是类似的。放置好按钮之后的窗口效果如下图所示。

```
1  figure = list('0123456789.')+['Sqrt']
2  index = 0
3  for row in range(4):    # row：行
4      for col in range(3):    # col：列
5          a = figure[index]    # 按索引从列表中取出按钮文字
6          index += 1
7          m_figure = tkinter.Button(window, text=a, command=
           lambda x=a:ButtonOperation(x))    # 根据取出的按钮文字创
           建按钮并调用自定义函数 ButtonOperation，实现按钮的实际功能
8          m_figure.place(x=20+col*70, y=80+row*50, width=50,
           height=20)    # 设置按钮的位置和大小
```

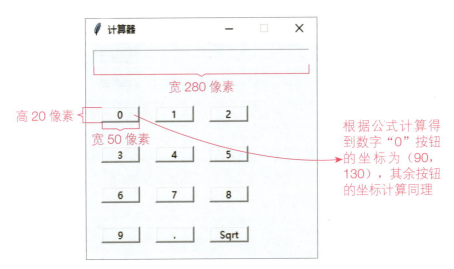

14 放置运算符按钮（加、减、乘、除、乘方、取整除）。第 1 行代码中将运算符文字放在一个元组中赋值给变量 operators。第 2 行代码中使用 enumerate 函数为可迭代对象添加序号，默认序号从 0 开始，一般配合 for 循环语句使用。第 3～4 行代码中创建并放置运算符按钮，其方式和步骤 13 的代码类似，区别在于第 3 行代码在创建运算符按钮时将按钮的颜色设置为 "orange"（橙色）。放置好运算符按钮的效果如下图所示。

```
1   operators = ('+', '-', '*', '/', '**', '//')
2   for index, operator in enumerate(operators):
3       m_Operator = tkinter.Button(window, text=operator, bg='or-
        ange', command=lambda x=operator:ButtonOperation(x))
4       m_Operator.place(x=230, y=80+index*30, width=50, height=20)
        # 运算符按钮从上至下依次放置，故x坐标不变，y坐标逐渐增大
```

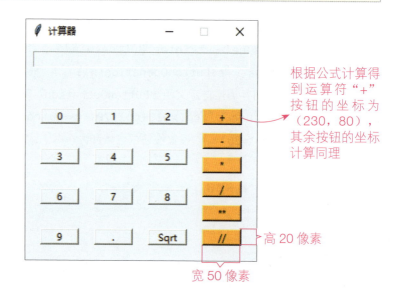

根据公式计算得到运算符 "+" 按钮的坐标为（230，80），其余按钮的坐标计算同理

高 20 像素

宽 50 像素

15 放置 "C" 按钮和 "=" 按钮。第 1～2 行代码创建并放置 "C" 按钮，第 3～4 行代码创建并放置 "=" 按钮。因为这两个按钮的功能较为特殊，所以为它们设置了不同的颜色，"C" 按钮为红色，"=" 按钮为黄色，其余的属性设置与文本框类似，这里不再赘述。放置好后的窗口效果如下图所示。

第 7 章　Python 的高级应用

```
1  m_Clear=tkinter.Button(window, text='C', bg='red', command=
   lambda:ButtonOperation('C'))    # 在window窗口中放置按钮，按钮文
   字为"C"，按钮颜色为红色，单击按钮后调用ButtonOperation函数实现
   按钮功能
2  m_Clear.place(x=40, y=40, width=80, height=20)
3  m_EqualSign=tkinter.Button(window, text='=', bg='yellow',
   command=lambda:ButtonOperation('='))    # 在window窗口中放置按
   钮，按钮文字为"="，按钮颜色为黄色，单击按钮后调用ButtonOperation
   函数实现按钮功能
4  m_EqualSign.place(x=170, y=40, width=80, height=20)
```

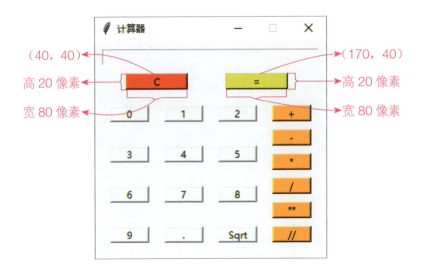

16 窗口上的按钮已经放置好了，现在需要将窗口显示在屏幕上，并持续响应用户的操作（如鼠标单击）。

```
1  window.mainloop()
```

小提示

mainloop 函数用于让窗口持续响应用户的操作。如果没有这行代码，计算器就只能进行一次运算。

按【F5】键运行代码，就可以使用自己制作的计算器进行计算了，如下图所示。

完整代码

本案例的完整代码如下，在编辑器中输入时要注意代码的缩进。

```
1   # 导入所需模块
2   import re
3   import tkinter, tkinter.messagebox
4   
5   # 创建窗口，并设置窗口大小与标题等属性
6   window = tkinter.Tk()
7   window.geometry('300x270+400+100')
8   window.resizable(False, False)
9   window.title('计算器')
10  
11  # 定义计算器按钮的功能与不规范操作的提醒
12  def ButtonOperation(m):
13      theme = themeVar.get()
14      if theme.startswith('.'):
15          theme = '0'+theme
16      if m in '0123456789':
```

```python
17              theme += m
18         elif m == '.':
19             Segmentationpart = re.split(r'\+|-|\*|/', theme)[-1]
20             if '.' in Segmentationpart:
21                 tkinter.messagebox.showerror('错误', '重复出现的小
                    数点')
22                 return
23             else:
24                 theme += m
25         elif m == 'C':
26             theme = ''
27         elif m in operators:
28             if theme.endswith(operators):
29                 tkinter.messagebox.showerror('错误', '不允许存在连
                    续运算符')
30                 return
31             theme += m
32         elif m == 'Sqrt':
33             n = theme.split('.')
34             if all(map(lambda x:x.isdigit(), n)):
35                 theme = eval(theme)**0.5
36             else:
37                 tkinter.messagebox.showerror('错误', '算式错误')
38                 return
39         elif m == '=':
40             try:
41                 theme = str(eval(theme))
42             except:
43                 tkinter.messagebox.showerror('错误', '算式错误')
44                 return
45     themeVar.set(theme)
46
```

```
47  # 放置文本框
48  themeVar = tkinter.StringVar(window, '')
49  themeEntry = tkinter.Entry(window, textvariable=themeVar)
50  themeEntry['state'] = 'readonly'
51  themeEntry.place(x=10, y=10, width=280, height=20)
52
53  # 放置按钮
54  figure = list('0123456789.')+['Sqrt']
55  index = 0
56  for row in range(4):
57      for col in range(3):
58          a = figure[index]
59          index += 1
60          m_figure = tkinter.Button(window, text=a, command=
                lambda x=a:ButtonOperation(x))
61          m_figure.place(x=20+col*70, y=80+row*50, width=50,
                height=20)
62  operators = ('+', '-', '*', '/', '**', '//')
63  for index,operator in enumerate(operators):
64      m_operator = tkinter.Button(window, text=operator, bg='or-
            ange', command=lambda x=operator:ButtonOperation(x))
65      m_operator.place(x=230, y=80+index*30, width=50, height=20)
66  m_Clear = tkinter.Button(window, text='C', bg='red', command
        =lambda:ButtonOperation('C'))
67  m_Clear.place(x=40, y=40, width=80, height=20)
68  m_EqualSign = tkinter.Button(window, text='=', bg='yellow',
        command=lambda:ButtonOperation('='))
69  m_EqualSign.place(x=170, y=40, width=80, height=20)
70
71  window.mainloop()
```

第 7 章 Python 的高级应用

✏️ 效果展示

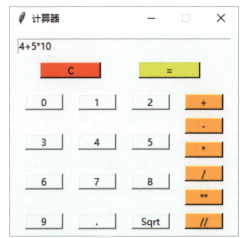

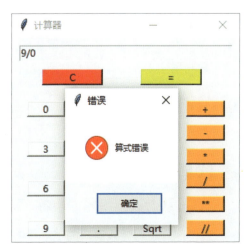

056 贪吃蛇游戏

| 案　　例 | 贪吃蛇游戏 |
| 文件路径 | 案例文件\第7章\贪吃蛇.py |

案例说明

"贪吃蛇"是一个十分经典的游戏。游戏开始时，屏幕上会有一条蛇自动朝着一个方向移动，玩家通过键盘中的方向键控制蛇转换方向。在移动过程中，蛇如果触碰到屏幕上随机出现的苹果就会将其吃掉，吃掉苹果后蛇的身体会变长。如果蛇触碰到窗口边缘或自己的身体，游戏就会结束。

游戏开发是一项庞大的工程，借助游戏引擎则能大大降低开发的难度。简单来说，游戏引擎是一种已编写好的游戏核心组件，它提供各种游戏开发工具，让游戏设计者能快速完成游戏开发，而不必从零开始。本案例要使用的游戏引擎是pygame，它是Python的一个第三方模块，需要自行安装，对应的安装命令为：pip install pygame。

编程要点

本案例的代码比较复杂，为了让代码的结构更有条理，可以将代码按照功能模块分别编写成一个个自定义函数。代码的编写可以从以下方面入手。

1 设计游戏窗口，包括窗口大小、默认单元格大小、窗口的背景颜色等。

2 设计游戏的开始界面和结束界面，这样可以让游戏更完整。

3 设计游戏内元素，包括蛇、苹果、窗口边框线、游戏分数、如何获取蛇的随机位置等。

4 设计游戏的运行过程，包括蛇的随机起点、苹果的随机位置、游戏主循环程序（侦测蛇是否触碰到自身或窗口边缘、是否吃到苹果、如何加长蛇身等）。

代码解析

1. 设计游戏窗口属性及游戏结束的判断

这个部分是对游戏窗口的一些基本属性的设置，打造游戏的基础。

第 7 章　Python 的高级应用

1 导入所需模块。当导入的模块较多时，为了减少代码长度，可以用第 1 行代码这样的形式一次性导入多个模块。random 模块用于产生随机数，在后面设置蛇的随机起点及获取蛇的位置时都会用到；pygame 模块是编写游戏必不可少的模块；本案例会用到 Python 内置的一些特殊变量和参数，所以还需要导入 sys 模块。另外，本案例还会用到 pygame.locals 模块下的一些常量，因此在第 2 行代码中采用 "from 模块名 import *" 的形式导入该模块的全部内容，这样在调用该模块下的常量时可以省去模块名前缀。

```
1  import random, pygame, sys
2  from pygame.locals import *
```

2 设置全局变量和窗口属性。第 1 行代码使用 global 语句创建了 4 个全局变量 Speed、Trackingtime、Displayobject、WindowTypeface，分别表示 "移动速度" "时间追踪" "显示对象" "窗口字体"；第 2 行代码是游戏运行的必备条件，表示初始化 pygame 模块，为使用硬件做准备；第 3 行代码设置蛇的初始移动速度为 8；第 4 行代码利用变量 Trackingtime 来控制蛇的移动速度；第 5 行代码设置游戏窗口大小为宽 640 像素、高 480 像素；第 6 行代码设置游戏窗口中文字的字体、字号；第 7 行代码设置游戏窗口标题为 "贪吃蛇"；第 8 行代码定义窗口中一个单元格的大小为 20；第 9 行代码设置游戏窗口的背景颜色为白色，色值为（255，255，255）。

```
1  global Speed, Trackingtime, Displayobject, WindowTypeface
2  pygame.init()
3  Speed = 8
4  Trackingtime = pygame.time.Clock()
5  Displayobject = pygame.display.set_mode((640, 480))
6  WindowTypeface = pygame.font.SysFont('Calibri.ttf', 25)
7  pygame.display.set_caption('贪吃蛇')
8  cellsize = 20
9  backgroundcolor = (255, 255, 255)
```

> **小提示**
>
> 　　这个游戏中的动画是通过绘制帧来实现的。帧就是在屏幕上显示的一幅幅画面，在每一帧上绘制不同的画面内容，再在屏幕上连续显示出来，人眼看到的画面就好像动了起来。
>
> 　　第3行代码中设置的移动速度，其真正的含义是帧率。帧率通俗来讲是指每秒内绘制的画面数量，单位为"帧/秒"，俗称FPS。在本案例中，绘制的每一帧中蛇的位置会相对上一帧移动一格的距离，而后面还会通过编写代码增大帧率，让每秒绘制的帧数增多，则每两帧之间的时间变短，那么屏幕上蛇移动一格的时间也变短了，看起来蛇的移动速度就变快了。

> **小提示**
>
> 　　第9行代码中设置的色值是RGB色值，它是计算机中表示颜色的一种方式，通过R（红）、G（绿）、B（蓝）三种原色的变化和叠加来得到各种颜色。每种原色的取值范围是0～255之间的整数，计算机屏幕上显示的任何一种颜色都可以由一组RGB色值来记录和表达。例如，(0, 0, 0)是黑色，(255, 255, 255)是白色，(255, 0, 0)是红色，(0, 255, 0)是绿色，(0, 0, 255)是蓝色，等等。如果想查看更多颜色的RGB色值，可以利用搜索引擎搜索"RGB颜色对照表"。

3 侦测操作。第1行代码创建了一个自定义函数CheckKeyboardPress，意思是"侦测键盘按键"；第2～4行代码先获取QUIT事件，如果值大于0，则表示用户单击了关闭游戏窗口的"×"按钮，此时便终止代码的运行，并关闭游戏窗口；第5行代码把从KEYUP中获取的值赋给变量keyUpEvents，KEYUP是一个键盘事件，当用户释放键盘上的按键时会触发该事件；第6～7行代码对变量keyUpEvents的值进行判断，如果值长度为0，则让函数返回空值；第8行代码表示如果不满足条件，则返回索引位置为0的值。

```
1    def CheckKeyboardPress():
2        if len(pygame.event.get(QUIT)) > 0:
3            pygame.quit()
4            sys.exit()
5        keyUpEvents = pygame.event.get(KEYUP)
6        if len(keyUpEvents) == 0:
```

```
7          return None
8      return keyUpEvents[0].key
```

> **小提示**
>
> pygame.quit 函数的作用与 pygame.init 函数的作用相反，它会使 pygame 模块停止工作。

> **小提示**
>
> sys.exit() 用于 Python 程序的退出。在执行这段代码后，会检测其下方是否还有同层次的代码。如果有，则会在同层次代码执行完毕后退出 Python 程序；如果没有，则直接退出 Python 程序。

2. 设计游戏开始和游戏结束界面

一个完整的游戏少不了游戏开始和游戏结束的界面。这个部分就来设计游戏开始和游戏结束界面中要显示的元素。

4 设置游戏开始界面的文字内容。第 1 行代码创建了一个自定义函数 DesignStartScreen；第 2 行代码重复一次"global Speed"，原因是全局变量需要在自定义函数中再次声明才能生效；第 3～5 行代码分别设置了开始界面中文字的字体及字号；第 6～8 行代码则分别设置了文字的内容和颜色，其中对第一串文字设置字体颜色和背景颜色均为黑色（0，0，0），对第二串文字设置字体颜色为红色（255，0，0），对第三串文字设置字体颜色为黑色（0，0，0）。

```
1   def DesignStartScreen():
2       global Speed
3       titleTypeface1 = pygame.font.SysFont('Calibri.ttf', 200)
4       titleTypeface2 = pygame.font.SysFont('Calibri.ttf', 60)
5       KeyboardTypeface = pygame.font.SysFont('Calibri.ttf', 15)
6       titleContent1 = titleTypeface1.render('RETRO SNAKER',
        True, (0, 0, 0), (0, 0, 0))
```

此处的颜色值可参考步骤 2 后的小提示获取

7	`titleContent2 = titleTypeface2.render('RETRO SNAKER', True, (255, 0, 0))`
8	`KeyboardContent = WindowTypeface.render('Press any key to start', True, (0, 0, 0))`

5 在游戏开始界面中显示设置好的文字。第1行代码表示填充窗口背景颜色；第2行代码设置第一串文字的初始角度，并把值赋给变量revolveContent1；第3行代码获取文字的rect；第4行代码设置文字的中心点坐标为（640 / 2，480 / 2）；第5行代码把文字显示在窗口中；第6～9行代码针对第二串文字，第10～12行代码针对第三串文字，进行与第一串文字类似的设置，这里就不再赘述了；第13行代码表示将绘制的内容显示在窗口中；第14行代码对游戏的帧率进行初始化。

1	`Displayobject.fill(backgroundcolor)`
2	`revolveContent1 = pygame.transform.rotate(titleContent1, 0)`
3	`revolveRect1 = revolveContent1.get_rect()`
4	`revolveRect1.center = (640 / 2, 480 / 2)`
5	`Displayobject.blit(revolveContent1, revolveRect1)`
6	`revolveContent2 = pygame.transform.rotate(titleContent2, 0)`
7	`revolveRect2 = revolveContent2.get_rect()`
8	`revolveRect2.center = (640 / 2, 480 / 2)`
9	`Displayobject.blit(revolveContent2, revolveRect2)`
10	`KeyboardRect = KeyboardContent.get_rect()`
11	`KeyboardRect.topleft = (640 - 200, 480 - 30)`
12	`Displayobject.blit(KeyboardContent, KeyboardRect.topleft)`
13	`pygame.display.update()`
14	`Trackingtime.tick(Speed)`

小提示

pygame模块将游戏元素(如图片、文字)作为矩形来处理，这个矩形称为rect对象。通过设置游戏元素的rect对象的4个参数left、top、width、height（见下图），就可以设置游戏元素在游戏界面中的位置。

第 7 章　Python 的高级应用

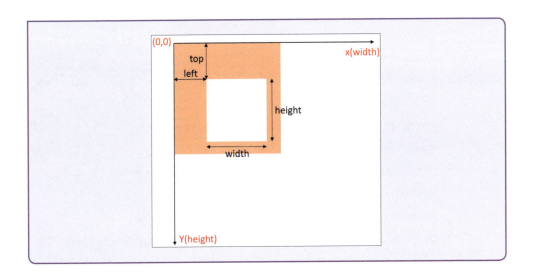

6 第 1 行代码创建了一个无限循环，在循环内部调用步骤 3 中创建的自定义函数 CheckKeyboardPress，目的是持续侦测用户是否按下任意按键，如果没有按下，将保持当前的游戏状态，如果按下，则结束本自定义函数的执行。

```
1    while True:
2        if CheckKeyboardPress():
3            pygame.event.get()
4            return
```

7 设置游戏结束界面的文字内容。设置方式和开始界面的文字内容类似。第 1 行代码创建了一个自定义函数 DesignGameOverScreen；第 2～3 行代码设置文字的字体和字号；第 4～5 行代码分别设置文字内容为"Game Over"和"Press any key to restart"，字体颜色都为黑色；第 6～11 行代码分别设置这两串文字在窗口中的位置并将其显示在窗口中。

```
1    def DesignGameOverScreen():
2        gameOverTypeface = pygame.font.SysFont('Calibri.ttf', 100)
3        KeyboardTypeface = pygame.font.SysFont('Calibri.ttf', 20)
```

155

```
4    gameoverContent = gameOverTypeface.render('Game Over',
     True, (0, 0, 0))
5    KeyboardContent = WindowTypeface.render('Press any key
     to restart', True, (0, 0, 0))
6    gameoverRect = gameoverContent.get_rect()
7    gameoverRect.center = (640 / 2, 480 / 2)
8    Displayobject.blit(gameoverContent, gameoverRect)
9    KeyboardRect = KeyboardContent.get_rect()
10   KeyboardRect.topleft = (640 - 220, 480 - 30)
11   Displayobject.blit(KeyboardContent, KeyboardRect.topleft)
```

8 游戏结束时的处理。第 1 行代码表示将绘制的内容显示在窗口中；第 2 行代码表示让程序暂停 500 毫秒，防止程序出现卡顿；第 3～6 行代码是一个无限循环，持续侦测用户是否按下任意按键，如果没有按下，将保持当前的游戏状态，如果按下，则结束本自定义函数的执行。

```
1    pygame.display.update()
2    pygame.time.wait(500)
3    while True:
4        if CheckKeyboardPress():
5            pygame.event.get()
6            return
```

3. 游戏元素的属性设置

这一部分将设置游戏窗口中显示的游戏元素的属性，每一个元素的属性都会由一个自定义函数来控制。

9 蛇的设计。第 1 行代码创建了自定义函数 DesignRetroSnaker，传入的形式参数为 RetroSnakerCoords，它是一个列表，其中存储了蛇的坐标位置参数；第 2 行代码创建了一个循环，让变量 coord 依次在 RetroSnakerCoords 这个列表中取值；第 3～4 行代码计算蛇的实时坐标位置；第 5～8 行代码将蛇在窗口中绘制出来，蛇的形象分为内外两层，外层颜色为蓝色，内层颜色为浅蓝色。

```
1   def DesignRetroSnaker(RetroSnakerCoords):
2       for coord in RetroSnakerCoords:
3           x = coord['x'] * 20
4           y = coord['y'] * 20
5           RetroSnakerSegmentRect = pygame.Rect(x, y, 20, 20)
6           pygame.draw.rect(Displayobject, (0, 0, 255), RetroSnakerSegmentRect)
7           RetroSnakerInnerSegmentRect = pygame.Rect(x + 4, y + 4, 20 - 8, 20 - 8)
8           pygame.draw.rect(Displayobject, (173, 216, 230), RetroSnakerInnerSegmentRect)
```

10 苹果的设计。苹果的设计与蛇的设计类似，这里不再展开讲解。要注意苹果的颜色为红色。

```
1   def DesignApple(coord):
2       x = coord['x'] * 20
3       y = coord['y'] * 20
4       appleRect = pygame.Rect(x, y, 20, 20)
5       pygame.draw.rect(Displayobject, (255, 0, 0), appleRect)
```

11 分数的设计。游戏窗口中会显示蛇吃掉的苹果数量，作为玩家的分数。
第 1 行代码创建了自定义函数 DesignScore；第 2 行代码设置了分数的文字内容及颜色；第 3～5 行代码依次是获取一个 rect 对象，然后设置分数在窗口中的坐标位置，最后在窗口中显示分数。

```
1   def DesignScore(score):
2       scoreContent = WindowTypeface.render('Score: %s' % (score), True, (0, 0, 0))
```

```
3        scoreRect = scoreContent.get_rect()
4        scoreRect.topleft = (640 - 100, 10)
5        Displayobject.blit(scoreContent, scoreRect)
```

12 窗口边框线的设计。第2～3行代码在窗口中绘制竖直边框线，第4～5行代码在窗口中绘制水平边框线，边框线的颜色都是黑色。

```
1    def DesignBorderline():
2        for x in range(0, 640, 640-1):
3            pygame.draw.line(Displayobject, (0, 0, 0), (x, 0), (x, 480), 5)
4        for y in range(0, 480, 480-1):
5            pygame.draw.line(Displayobject, (0, 0, 0), (0, y), (640, y), 5)
```

4. 游戏运行的机制设置

这个部分是整个游戏的核心，包含游戏的玩法的实现。

13 设置蛇的初始位置、方向和苹果的初始位置。第1行代码创建自定义函数 GameRunning（意思是"游戏运行"），这个自定义函数下的代码定义了游戏的玩法，包括蛇与苹果的初始位置设置、蛇的移动控制、蛇身的加长及游戏结束的判断等；第2行代码仍然是再次声明变量 Speed 为全局变量，因为在这个自定义函数中会用到这个变量；第3～4行代码运用 random 模块下的 randint 函数设置蛇的初始随机坐标位置，x 坐标在5～26 的整数中随机取值，y 坐标在5～18 的整数中随机取值；第5行代码将蛇的坐标位置以字典的形式存入列表 RetroSnakerCoords 中，即列表 RetroSnakerCoords 中的每一个元素都是一个字典，每一个字典中的键值对是一组坐标；第6行代码设置蛇的初始移动方向为向右移动；第7行代码为苹果设置一个初始随机坐标位置，x 坐标在0～31 的整数中随机取值，y 坐标在0～23 的整数中随机取值。

```
1    def GameRunning():
2        global Speed
3        startx = random.randint(5, 26)
4        starty = random.randint(5, 18)
```

```
5       RetroSnakerCoords = [{'x': startx, 'y': starty}, {'x':
        startx - 1, 'y': starty}, {'x': startx - 2, 'y': starty}]
6       direction = 'right'
7       apple = {'x':random.randint(0, 31), 'y':random.randint(0,
        23)}
```

> **小提示**
>
> 第3、4、7行代码中设置的坐标是没有乘以单元格大小的坐标，在步骤9的第3～4行代码中给出的才是蛇在窗口中的实际坐标，在步骤10的第2～3行代码中给出的才是苹果在窗口中的实际坐标。

> **小提示**
>
> random 模块下的 randint 函数的取值方式是在闭区间中取值，即包括端点值。例如，random.randint(5, 26) 表示在 5 和 26 及它们之间的所有整数中随机取值。

14 控制蛇移动的方式。这是一个无限循环，用于控制蛇的移动。第 2 行代码创建了当前等待处理的事件的一个列表，然后使用 for 循环遍历列表中的事件；第 3 行代码先判断列表中事件的类型，如果事件类型是键盘上的按键被按下，再进行后面更详细的判断；第 4 ～ 11 行代码根据当前按下的是哪个方向键以及当前蛇的移动方向，相应改变蛇的移动方向。

```
1    while True:
2        for event in pygame.event.get():
3            if event.type == KEYDOWN:
4                if event.key == K_LEFT and direction != 'right':
5                    direction = 'left'
6                elif event.key == K_RIGHT and direction != 'left':
7                    direction = 'right'
8                elif event.key == K_UP and direction != 'down':
9                    direction = 'up'
10               elif event.key == K_DOWN and direction != 'up':
11                   direction = 'down'
```

15 根据移动方向改变蛇头的坐标位置。列表 RetroSnakerCoords 中索引为 0 的元素存储的是蛇头的坐标位置。根据屏幕坐标的定义,按照不同的方向修改蛇头的坐标位置,将修改后的蛇头坐标位置存入字典 m。

```
1  if direction == 'up':
2      m = {'x': RetroSnakerCoords[0]['x'], 'y': Retro-
       SnakerCoords[0]['y'] - 1}
3  elif direction == 'down':
4      m = {'x': RetroSnakerCoords[0]['x'], 'y': Retro-
       SnakerCoords[0]['y'] + 1}
5  elif direction == 'left':
6      m = {'x': RetroSnakerCoords[0]['x'] - 1, 'y':
       RetroSnakerCoords[0]['y']}
7  elif direction == 'right':
8      m = {'x': RetroSnakerCoords[0]['x'] + 1, 'y':
       RetroSnakerCoords[0]['y']}
```

16 加长蛇身。将已经包含值的字典 m 插入列表 RetroSnakerCoords 的开头,表示向蛇移动的方向添加一个单元格,从而加长蛇身。

```
1  RetroSnakerCoords.insert(0, m)
```

> **小提示**
>
> 在列表中添加元素的方法有很多,常用的函数有 insert、extend、append,这三个函数的语法和功能都不同。这里我们需要将元素插入到列表中的指定位置(列表的开头),所以只能使用 insert 函数。如果忘记了三个函数的具体用法,可以回到第 78～79 页进行复习。

17 判断蛇是否吃到苹果并进行相应处理。第 1 行代码判断蛇头和苹果的坐标是否一致,若一致,则用第 2 行代码让苹果重新显示在另一个随机位置上,这样就实现了苹果被吃掉并在新的位置出现新的苹果的效果;第 3 行代码表示在蛇吃掉一个苹果后,适当增大蛇的移动速度,以提高游戏的难度;第 4～5 行代码表示如果蛇没有吃到苹果,则去除蛇身的最后一节。

第 7 章　Python 的高级应用

```
1    if RetroSnakerCoords[0]['x'] == apple['x'] and Ret-
     roSnakerCoords[0]['y'] == apple['y']:
2        apple = {'x':random.randint(0,31), 'y':random.
         randint(0,23)}
3        Speed = Speed + 0.2
4    else:
5        del RetroSnakerCoords[-1]
```

> **小提示**
>
> 在蛇移动的过程中，每移动一次，蛇身的长度就会增加一节。为了让蛇在没吃到苹果时能保持长度不变，必须在蛇移动的过程中不断去除蛇身的最后一节。

18 判断蛇头是否触碰到窗口边缘或蛇身。第 1 行代码判断蛇头是否触碰到窗口边缘，即判断蛇头的坐标是否超出窗口的坐标范围，如果满足任意一个条件，则在第 2 行代码中结束当前自定义函数的执行，表示游戏结束；第 3 行代码用 for 循环语句遍历除蛇头外每一节蛇身的坐标；第 4 行代码则通过判断蛇头与某一节蛇身的坐标是否一致的方式来判断蛇头是否触碰到蛇身，如果条件满足，则在第 5 行代码中结束当前自定义函数的执行，表示游戏结束。

```
1    if RetroSnakerCoords[0]['x'] == -1 or RetroSnakerCo-
     ords[0]['x'] == 32 or RetroSnakerCoords[0]['y'] ==
     -1 or RetroSnakerCoords[0]['y'] == 24:
2        return
3    for RetroSnakerBody in RetroSnakerCoords[1:]:
4        if RetroSnakerCoords[0]['x'] == RetroSnaker-
         Body['x'] and RetroSnakerCoords[0]['y'] == Ret-
         roSnakerBody['y']:
5            return
```

19 将创建的角色显示在窗口中。第 1 行代码为窗口添加背景颜色；第 2～5 行代码分别绘制要在窗口中显示的各个角色，依次是蛇、苹果、分数和边框线；第6行代码将绘制的内容都显示在窗口中；第7行代码则是追踪蛇移动的实时速度。

```
1    Displayobject.fill(backgroundcolor)
2    DesignRetroSnaker(RetroSnakerCoords)
3    DesignApple(apple)
4    DesignScore(len(RetroSnakerCoords) - 3)
5    DesignBorderline()
6    pygame.display.update()
7    Trackingtime.tick(Speed)
```

20 调用自定义函数实现游戏运行。第2行代码调用自定义函数显示开始界面，等待用户按任意键开始游戏；第3～5行代码利用一个无限循环先执行游戏主程序，当游戏结束则显示结束界面，等待用户按任意键重新开始游戏。

```
1    if __name__ == '__main__':
2        DesignStartScreen()
3        while True:
4            GameRunning()
5            DesignGameOverScreen()
```

完整代码

本案例的完整代码如下，在编辑器中输入时要注意代码的缩进。

```
1    # 导入所需模块
2    import random,pygame,sys
3    from pygame.locals import *
4
5    # 设置全局变量和窗口背景颜色
6    global Speed,Trackingtime, Displayobject, WindowTypeface
7    pygame.init()
8    Speed = 8
```

```python
9   Trackingtime = pygame.time.Clock()
10  Displayobject = pygame.display.set_mode((640, 480))
11  WindowTypeface = pygame.font.SysFont('Calibri.ttf', 18)
12  pygame.display.set_caption('贪吃蛇')
13  cellsize = 20
14  backgroundcolor = (255, 255, 255)
15
16  # 侦测操作
17  def CheckKeyboardPress():
18      if len(pygame.event.get(QUIT)) > 0:
19          pygame.quit()
20          sys.exit()
21      keyUpEvents = pygame.event.get(KEYUP)
22      if len(keyUpEvents) == 0:
23          return None
24      return keyUpEvents[0].key
25
26  # 游戏开始界面设计
27  def DesignStartScreen():
28      global Speed
29      titleTypeface1 = pygame.font.SysFont('Calibri.ttf', 200)
30      titleTypeface2 = pygame.font.SysFont('Calibri.ttf', 60)
31      KeyboardTypeface = pygame.font.SysFont('Calibri.ttf', 15)
32      titleContent1 = titleTypeface1.render('RETRO SNAKER', True, (0, 0, 0), (0, 0, 0))
33      titleContent2 = titleTypeface2.render('RETRO SNAKER', True, (255, 0, 0))
34      KeyboardContent = WindowTypeface.render('Press any key to start', True, (0, 0, 0))
35      Displayobject.fill(backgroundcolor)
36      revolveContent1 = pygame.transform.rotate(titleContent1, 0)
37      revolveRect1 = revolveContent1.get_rect()
38      revolveRect1.center = (640 / 2, 480 / 2)
```

```
39          Displayobject.blit(revolveContent1, revolveRect1)
40          revolveContent2 = pygame.transform.rotate(titleContent2, 0)
41          revolveRect2 = revolveContent2.get_rect()
42          revolveRect2.center = (640 / 2, 480 / 2)
43          Displayobject.blit(revolveContent2, revolveRect2)
44          KeyboardRect = KeyboardContent.get_rect()
45          KeyboardRect.topleft = (640 - 200, 480 - 30)
46          Displayobject.blit(KeyboardContent, KeyboardRect.topleft)
47          pygame.display.update()
48          Trackingtime.tick(Speed)
49          while True:
50              if CheckKeyboardPress():
51                  pygame.event.get()
52                  return
53
54      # 游戏结束界面设计
55      def DesignGameOverScreen():
56          gameOverTypeface = pygame.font.SysFont('Calibri.ttf', 100)
57          KeyboardTypeface = pygame.font.SysFont('Calibri.ttf', 20)
58          gameoverContent = gameOverTypeface.render('Game Over',
                True, (0, 0, 0))
59          KeyboardContent = WindowTypeface.render('Press any key
                to restart', True, (0, 0, 0))
60          gameoverRect = gameoverContent.get_rect()
61          gameoverRect.center = (640 / 2, 480 / 2)
62          Displayobject.blit(gameoverContent, gameoverRect)
63          KeyboardRect = KeyboardContent.get_rect()
64          KeyboardRect.topleft = (640 - 220, 480 - 30)
65          Displayobject.blit(KeyboardContent, KeyboardRect.topleft)
66          pygame.display.update()
67          pygame.time.wait(500)
68          while True:
69              if CheckKeyboardPress():
```

```python
            pygame.event.get()
            return

# 蛇的设计
def DesignRetroSnaker(RetroSnakerCoords):
    for coord in RetroSnakerCoords:
        x = coord['x'] * 20
        y = coord['y'] * 20
        RetroSnakerSegmentRect = pygame.Rect(x, y, 20, 20)
        pygame.draw.rect(Displayobject, (0, 0, 255), RetroSnakerSegmentRect)
        RetroSnakerInnerSegmentRect = pygame.Rect(x + 4, y + 4, 20 - 8, 20 - 8)
        pygame.draw.rect(Displayobject, (173, 216, 230), RetroSnakerInnerSegmentRect)

# 苹果的设计
def DesignApple(coord):
    x = coord['x'] * 20
    y = coord['y'] * 20
    appleRect = pygame.Rect(x, y, 20, 20)
    pygame.draw.rect(Displayobject, (255, 0, 0), appleRect)

# 分数的设计
def DesignScore(score):
    scoreContent = WindowTypeface.render('Score: %s' % (score), True, (0, 0, 0))
    scoreRect = scoreContent.get_rect()
    scoreRect.topleft = (640 - 100, 10)
    Displayobject.blit(scoreContent, scoreRect)

# 边框线的设计
def DesignBorderline():
```

```
99      for x in range(0, 640, 640 - 1):
100         pygame.draw.line(Displayobject, (0, 0, 0), (x, 0), (x, 480), 5)
101     for y in range(0, 480, 480 - 1):
102         pygame.draw.line(Displayobject, (0, 0, 0), (0, y), (640, y), 5)
103
104 # 设置游戏主要运行机制
105 def GameRunning():
106     global Speed
107     startx = random.randint(5, 26)
108     starty = random.randint(5, 18)
109     RetroSnakerCoords = [{'x': startx, 'y': starty}, {'x': startx - 1, 'y': starty}, {'x': startx - 2, 'y': starty}]
110     direction = 'right'
111     apple = {'x':random.randint(0, 31), 'y':random.randint(0, 23)}
112
113     while True:
114         for event in pygame.event.get():
115             if event.type == KEYDOWN:
116                 if event.key == K_LEFT and direction != 'right':
117                     direction = 'left'
118                 elif event.key == K_RIGHT and direction != 'left':
119                     direction = 'right'
120                 elif event.key == K_UP and direction != 'down':
121                     direction = 'up'
122                 elif event.key == K_DOWN and direction != 'up':
123                     direction = 'down'
124
125         if direction == 'up':
126             m = {'x': RetroSnakerCoords[0]['x'], 'y': RetroSnakerCoords[0]['y'] - 1}
127         elif direction == 'down':
```

```python
            m = {'x': RetroSnakerCoords[0]['x'], 'y': Retro-
                SnakerCoords[0]['y'] + 1}
        elif direction == 'left':
            m = {'x': RetroSnakerCoords[0]['x'] - 1, 'y':
                RetroSnakerCoords[0]['y']}
        elif direction == 'right':
            m = {'x': RetroSnakerCoords[0]['x'] + 1, 'y':
                RetroSnakerCoords[0]['y']}

        RetroSnakerCoords.insert(0, m)

        if RetroSnakerCoords[0]['x'] == apple['x'] and Ret-
roSnakerCoords[0]['y'] == apple['y']:
            apple = {'x':random.randint(0,31), 'y':random.
                randint(0, 23)}
            Speed = Speed + 0.2
        else:
            del RetroSnakerCoords[-1]

        if RetroSnakerCoords[0]['x'] == -1 or RetroSnakerCo-
ords[0]['x'] == 32 or RetroSnakerCoords[0]['y'] ==
-1 or RetroSnakerCoords[0]['y'] == 24:
            return
        for RetroSnakerBody in RetroSnakerCoords[1:]:
            if RetroSnakerCoords[0]['x'] == RetroSnaker-
                Body['x'] and RetroSnakerCoords[0]['y'] == Ret-
                roSnakerBody['y']:
                return

        Displayobject.fill(backgroundcolor)
        DesignRetroSnaker(RetroSnakerCoords)
        DesignApple(apple)
        DesignScore(len(RetroSnakerCoords) - 3)
```

```
152        DesignBorderline()
153        pygame.display.update()
154        Trackingtime.tick(Speed)
155
156 if __name__ == '__main__':
157     DesignStartScreen()
158     while True:
159         GameRunning()
160         DesignGameOverScreen()
```

效果展示

游戏开始界面

游戏过程界面

游戏结束界面

第 7 章　Python 的高级应用

057　垃圾分类查询

| 案　　例 | 垃圾分类查询 |
| 文件路径 | 案例文件\第 7 章\垃圾分类查询.py |

案例说明

2019 年 7 月 1 日，上海开始实行生活垃圾分类，许多城市纷纷效仿，"如何为垃圾分类"也成了生活中的热门话题。本案例就来编写一个查询垃圾分类的小程序。我们将会学习如何获取网页上的内容，并复习窗口设计的知识。

编程要点

本案例的原理是通过编程模拟在网页中输入垃圾名称查询垃圾所属类别的过程，并获取网页上显示的查询结果，显示在我们自己设计的窗口中。

第一部分是垃圾类别的查询与获取，需要用到 Python 的第三方模块 requests。这个模块的安装命令为：pip install requests。编写代码之前就要安装好。

第二部分是查询结果的显示，涉及窗口的设计，主要有以下方面：

1. 首先要设置窗口的属性，包括窗口大小和标题。

2. 要查询的垃圾名称在窗口中输入，查询结果也在窗口中显示，所以窗口内的组件要有文本框、查询按钮和查询结果显示区等。

代码解析

1. 导入所需模块与函数

本案例涉及的模块与函数较多，为方便代码的编写，在导入时一共使用了三种方式。

第一种方式是"import 模块名"，又叫直接导入法，是 Python 中导入模块时最常用的方式。

第二种方式是"from 模块名 import 函数名"。第二种方式相对于第一种方式来说的好处是，在后面编写代码时如果要调用该模块中的函数，无须书写模块名前缀。如果要导入模块中的所有函数，可用通配符"*"替代函数名。

第三种方式是"import 模块名 as 自定义的模块名简写"。这种方式的好处是可以将模块名简化，同样能方便代码的编写。

1 第 1 行代码使用第一种方式导入用于获取网页内容的 requests 模块；第 2 行代码使用第二种方式导入 urllib.request 模块下的 quote 函数，这个函数能将单个字符串编码转化为"%××"的形式；第 3 行代码导入的是前面接触过的 re 模块；第 4 行代码使用第三种方式将图形用户界面模块 tkinter 简化为 tk；第 5 行代码导入的是前面接触过的 tkinter.messagebox 模块，用于实现弹窗功能。

```
1  import requests
2  from urllib.request import quote
3  import re
4  import tkinter as tk
5  import tkinter.messagebox
```

2. 网页内容的获取与匹配

这一部分是本案例的核心，将用户在窗口中输入的内容放到特定的网页上去查询，返回包含查询结果的整个网页的源代码，再从中提取查询结果。

2 获取用户输入的内容。在本案例中，每进行一次查询，就要执行一遍获取与匹配网页内容的代码，因此将这部分代码编写为一个自定义函数，以便反复调用。第 1 行代码创建自定义函数，取名为"Query_operation"（意思是"查询操作"）；第 2 行代码用 input_rubbish.get 函数获取用户在文本框中输入的内容，然后赋值给变量 rubbish_form。

```
1  def Query_operation():
2      rubbish_form = input_rubbish.get()
```

3 设置网页访问参数。第 1 行代码使用 quote 函数将输入的内容转换为 utf-8 的编码格式，并将转换后的值赋给变量 rubbish；第 2 行代码设置要访问的网页的 url，即网址；第 3 行代码设置 headers 参数，以模拟使用浏览器访问网页，headers 参数提供的是网站访问者的信息，User-Agent 表示使用什么浏览器访问网页（这里以 360 安全浏览器为例）。

第 7 章　Python 的高级应用

```
1    rubbish = quote(rubbish_form, encoding='utf-8')
2    url = 'https://lajifenleiapp.com/sk/'+rubbish
3    headers = {'User-Agent':'Mozilla/5.0 (Windows NT
     10.0; WOW64) AppleWebKit/537.36 (KHTML, like Gecko)
     Chrome/63.0.3239.132 Safari/537.36 QIHU 360SE/10.0.2032.0'}
```

> **小提示**
>
> 获取浏览器的 User-Agent 的方法为：在浏览器的地址栏中输入"about:version"（注意要用英文格式的冒号），按【Enter】键后显示的界面中，"用户代理"后面的内容便是 User-Agent，如下图所示。

> **小提示**
>
> 网址的编码格式一般是 utf-8 格式，而我们输入的内容一般是 GBK 格式的，因此，要先将输入的内容转码，才能在网页上用于查询。

4 提取查询结果。第 1 行代码使用 requests 模块中的 get 函数获取网页的源代码；第 2～4 行代码编写正则表达式，以在网页源代码中匹配与查询结果相关的文字内容，包括"垃圾名称""属于""垃圾类别"，然后分别赋值给变量 rubbish_name、rubbish_ascription、rubbish_belong；第 5～7 行代码使用了 findall 函数，根据前面设置的正则表达式在网页源代码中寻找所有符合规则的文本内容；第 8～10 行代码将文本内容转换为元组（tuple）数据类型，并赋值给新的变量。

```
1    res = requests.get(url, headers=headers).text
2    rubbish_name = '<span style="color:#D42121;">(.*?)</span>'
```

```
3     rubbish_ascription = '<span style="color:#FBbC28;"> 
      (.*?) '
4     rubbish_belong = '</span><span style="#2e2a2b">(.*?)</span>'
5     info1 = re.findall(rubbish_name, res, re.S)
6     info2 = re.findall(rubbish_ascription, res, re.S)
7     info3 = re.findall(rubbish_belong, res, re.S)
8     rubbish_name1.set(tuple(info1))
9     rubbish_ascription1.set(tuple(info2))
10    rubbish_belong1.set(tuple(info3))
```

> **小提示**
>
> 这段代码中使用了一些抓取网页数据的知识。如果网页源代码发生变动，会导致数据抓取失败，这时需要修改正则表达式，重新寻找匹配的内容。

5 设置弹窗报错功能。这一段代码的作用是，先判断从网页源代码中提取到的内容是否为空，即输入的内容能否在网页中查询到对应的垃圾类别。如果不为空，表示能查询到垃圾类别，则自定义函数的执行正常结束；如果为空，表示不能查询到垃圾类别，则弹出一个提示框，提示框的标题为"错误"，内容为"没有查询到这种垃圾"。

```
1     if info1:
2         return
3     else:
4         tkinter.messagebox.showerror('错误', '没有查询到这种垃圾')
```

3. 窗口设计

6 设计窗口属性。第 1 行代码使用 tkinter 模块中的 Tk 函数创建窗口，并且用变量 window 来表示这个窗口；第 2 行代码设置窗口的标题为"垃圾分类查询"；第 3 行代码设置窗口的大小为 450 像素×150 像素。

```
1     window = tk.Tk()
2     window.title('垃圾分类查询')
3     window.geometry('450x150')
```

4. 窗口内组件设计

这个部分要设计的是窗口中用于输入查询内容和显示查询结果的组件。

7 摆放文字标签。在窗口内创建文字标签"垃圾名称："，设置其字体为楷体、字号为 14、坐标为（5，20）。该文字标签用于提示文本框的作用。

```
1  tk.Label(window, text='垃圾名称：', font=('楷体', 14)).place
   (x=5, y=20)
```

8 摆放文本框。第 1 行代码创建一个能够自动刷新的字符串变量，用于存储输入的查询内容；第 2 行代码为字符串变量赋值"酒瓶（示例）"，作为示范文本；第 3 行代码在窗口内创建用于输入查询内容的单行文本框，设置文本框的字体为楷体、字号为 14、宽度为 15，并将文本框的内容与前面创建的字符串变量进行关联；第 4 行代码设置文本框的坐标为（100，20）。

```
1  input_rubbish = tk.StringVar()
2  input_rubbish.set('酒瓶（示例）')
3  input_rubbish = tk.Entry(window, textvariable=input_rubbish,
   font=('楷体', 14), width=15)
4  input_rubbish.place(x=100, y=20)
```

9 摆放"查询"按钮。在窗口内摆放按钮，按钮文字为"查询"，字体为楷体，字号为 11，单击按钮要执行的命令是步骤 2 中创建的自定义函数 Query_operation，坐标为（260，17）。

```
1  button_query = tk.Button(window, text='查询', font=('楷体',
   11), command=Query_operation)
2  button_query.place(x=260, y=17)
```

10 摆放显示查询结果的文字标签。步骤 4 的第 8～10 行代码将查询结果存储在变量 rubbish_name1、rubbish_ascription1、rubbish_belong1 中，现在要将它们的值显示在窗口中。下面的代码分别创建了 3 个文字标签用于显示查询结果，字体都是楷体，字号都为 15，只是颜色和宽度不同，从左向右依次排列。

```
1  rubbish_name1 = tk.StringVar()
2  r_name = tk.Label(window, fg='red', font=('楷体', 15), width=
   10, height=2, textvariable=rubbish_name1)
3  r_name.place(x=20, y=60)
4  rubbish_ascription1 = tk.StringVar()
5  r_ascription = tk.Label(window, fg='green', font=('楷体', 15),
   width=5, height=2, textvariable=rubbish_ascription1)
6  r_ascription.place(x=155, y=60)
7  rubbish_belong1 = tk.StringVar()
8  r_belong = tk.Label(window, fg='blue', font=('楷体', 15),
   width=15, height=2, textvariable=rubbish_belong1)
9  r_belong.place(x=260, y=60)
```

11 将窗口显示在屏幕上，并等待响应用户的操作（如在文本框中输入文本、用鼠标单击按钮等）。

```
1  window.mainloop()
```

✏ 完整代码

本案例的完整代码如下，在编辑器中输入时要注意代码的缩进。

```
1   # 导入所需模块与函数
2   import requests
3   from urllib.request import quote
4   import re
5   import tkinter as tk
6   import tkinter.messagebox
7
8   # 网页内容的获取与匹配
9   def Query_operation():
10      rubbish_form = input_rubbish.get()
11      rubbish = quote(rubbish_form, encoding='utf-8')
```

```
12      url = 'https://lajifenleiapp.com/sk/'+rubbish
13      headers = {'User-Agent':'Mozilla/5.0 (Windows NT
        10.0; WOW64) AppleWebKit/537.36 (KHTML, like Gecko)
        Chrome/63.0.3239.132 Safari/537.36 QIHU 360SE/10.0.2032.0'}
14      res = requests.get(url, headers=headers).text
15      rubbish_name = '<span style="color:#D42121;">(.*?)</span>'
16      rubbish_ascription = '<span style="color:#FBbC28;"> 
        (.*?) '
17      rubbish_belong = '</span><span style="#2e2a2b">(.*?)</span>'
18      info1 = re.findall(rubbish_name, res, re.S)
19      info2 = re.findall(rubbish_ascription, res, re.S)
20      info3 = re.findall(rubbish_belong, res, re.S)
21      rubbish_name1.set(tuple(info1))
22      rubbish_ascription1.set(tuple(info2))
23      rubbish_belong1.set(tuple(info3))
24      if info1:
25          return
26      else:
27          tkinter.messagebox.showerror('错误', '没有查询到这种垃圾')
28
29  # 窗口设计
30  window = tk.Tk()
31  window.title('垃圾分类查询')
32  window.geometry('450x150')
33
34  # 窗口内组件设计
35  tk.Label(window, text='垃圾名称：', font=('楷体', 14)).place
    (x=5, y=20)
36
37  input_rubbish = tk.StringVar()
38  input_rubbish.set('酒瓶（示例）')
39  input_rubbish = tk.Entry(window, textvariable=input_rubbish,
    font=('楷体', 14), width=15)
```

```python
40    input_rubbish.place(x=100, y=20)
41
42    button_query = tk.Button(window, text='查询', font=('楷体',
      11), command=Query_operation)
43    button_query.place(x=260, y=17)
44
45    rubbish_name1 = tk.StringVar()
46    r_name = tk.Label(window, fg='red', font=('楷体', 15),
      width=10, height=2, textvariable=rubbish_name1)
47    r_name.place(x=20, y=60)
48    rubbish_ascription1 = tk.StringVar()
49    r_ascription = tk.Label(window, fg='green', font=('楷体',
      15), width=5, height=2, textvariable=rubbish_ascription1)
50    r_ascription.place(x=155, y=60)
51    rubbish_belong1 = tk.StringVar()
52    r_belong = tk.Label(window, fg='blue', font=('楷体', 15),
      width=15, height=2, textvariable=rubbish_belong1)
53    r_belong.place(x=260, y=60)
54
55    window.mainloop()
```

效果展示